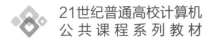

21世纪普通高校计算机
公共课程系列教材

大学计算机基础

上机实验指导教程（Windows 10+Office 2016）

◎ 张开成 吴 迪　　主　编

谭松滔 梁 姣 谢祥兵 副主编

清华大学出版社

北京

内 容 简 介

本书是与张开成主编的《大学计算机基础(Windows 10＋Office 2016)》相配套的辅助教材,在教学内容设计上紧密围绕主教材各章节,精心设计和选择了紧贴实际、紧贴应用、覆盖面广、难易度适中的实验操作题。这些题目的大部分来自作者多年从事计算机基础教学经验的结晶。

在结构上,本书安排了8大类共23个实验,每个实验下分别设置了2至8个实验项目,共计62个实验项目。在同一个实验下编排若干个不同的实验项目,这也是我们编写的这本实验指导教程与传统的同类实验指导书所不同的。这样编排的好处是:便于操作、理解和记忆,更有助于全面提高学生操作计算机的基本功。

本书适合作为高等学校大学计算机基础课程的辅助教材,也可作为计算机等级考试一级和二级的培训课程教材,还可供参加计算机各类职称考试的人员学习和备考时使用。

图书在版编目(CIP)数据

大学计算机基础上机实验指导教程:Windows 10＋Office 2016/张开成,吴迪主编.—北京:清华大学出版社,2022.9
21世纪普通高校计算机公共课程系列教材
ISBN 978-7-302-61225-4

Ⅰ.①大…　Ⅱ.①张…②吴…　Ⅲ.①Windows 操作系统－高等学校－教材②办公自动化－应用软件－高等学校－教材　Ⅳ.①TP316.7②TP317.1

中国版本图书馆 CIP 数据核字(2022)第 109776 号

责任编辑:贾　斌
封面设计:刘　键
责任校对:焦丽丽
责任印制:宋　林

出版发行:清华大学出版社
　　　　网　　　址:http://www.tup.com.cn,http://www.wqbook.com
　　　　地　　　址:北京清华大学学研大厦 A 座　　　　邮　　编:100084
　　　　社 总 机:010-83470000　　　　　　　　　　邮　　购:010-62786544
　　　　投稿与读者服务:010-62776969,c-service@tup.tsinghua.edu.cn
　　　　质量反馈:010-62772015,zhiliang@tup.tsinghua.edu.cn
　　　　课件下载:http://www.tup.com.cn,010-83470236
印 装 者:三河市天利华印刷装订有限公司
经　　销:全国新华书店
开　　本:185mm×260mm　　印　张:12.5　　　　　字　　数:306 千字
版　　次:2022 年 10 月第 1 版　　　　　　　　　印　　次:2022 年 10 月第 1 次印刷
印　　数:1～1500
定　　价:39.00 元

产品编号:092890-01

前　言

  本书是与张开成主编的《大学计算机基础(Windows 10＋Office 2016)》相配套的辅助教材,在教学内容的设计上紧密围绕主教材各章节,精心设计和选择了紧贴实际、紧贴应用、覆盖面广、难易度适中的实验操作题。这些题目的绝大部分来自作者多年从事计算机基础教学经验的结晶,一部分则是收录了全国计算机等级考试一级和二级的部分典型测试题作为案例。学生通过实验操作,将理论和应用有机地结合,对知识的巩固、能力的提高具有非常重要的作用。

  本书在结构上安排了 8 大类共 23 个实验,每个实验下分别设置了 2 至 8 个实验项目,共计 62 个实验项目。其中,“计算机基础操作与中英文录入”2 个实验 6 个实验项目;“Windows 10 操作系统”4 个实验 17 个实验项目;“Word 2016 文字处理软件操作”4 个实验 10 个实验项目;“Excel 2016 电子表格软件操作”4 个实验 9 个实验项目;“PowerPoint 2016 演示文稿软件操作”2 个实验 4 个实验项目;“Access 2016 数据库技术基础”2 个实验 4 个实验项目;“计算机网络基础及应用”3 个实验 8 个实验项目;“多媒体技术”2 个实验 4 个实验项目。在同一个实验下编排若干个不同的实验项目,一个实验项目对应一个实验任务,它们的实验内容互相联系但操作却又彼此独立,这也是我们编写的这本实验指导教程与传统的同类实验指导书所不同的。这样编排的好处是:便于操作、理解和记忆,更有助于全面提高学生操作计算机的基本功。

  对于学时数少或文科类专业的课程,重点应放在学生基本操作能力的训练和提高上。因此,我们把涉及 Office 的实验操作题,即实验 3.3 Word 文档的高级排版和实验 4.4 数据的综合分析与处理以及实验 8 多媒体技术列为了选做实验题,供各高等学校在教学中参考使用。

  本书由张开成、吴迪任主编,谭松滔、梁姣和谢祥兵任副主编。实验 1 和实验 2 由张开成编写,实验 3 由谭松滔编写,实验 4 和实验 5 由谢祥兵编写,实验 6 由梁姣编写,实验 7 和实验 8 由吴迪编写。全书由张开成统稿、定稿。

  为了适应在多媒体教室或实验室中进行教学的需要,我们精心设计和准备了与教材相配套的电子教案、实验素材、实验结果的样张。需要有关资料的教师可访问清华大学出版社的网站,进入相关网页下载资源。

  限于编者的水平,书中难免有不妥之处,恳请读者不吝赐教。

编　者

2022 年 5 月

目　录

IV

实验 1 计算机基础操作与中英文录入

实验 1.1　计算机基础操作

【实验目的】

（1）了解计算机的系统配置，区分计算机的各类设备，会正确地开关计算机。

（2）熟悉键盘布局，了解各键位的分布及作用，学会用正确的击键方法操作键盘。

（3）认识鼠标，学习鼠标的使用方法。

实验项目 1.1.1　开关机练习

任务描述

（1）请接通计算机的电源，按正确的方法启动计算机。

（2）请按正确的关机方法关闭计算机。

操作提示

1）操作步骤如下

步骤 1：接通交流电源总开关。

步骤 2：打开显示器（若显示器电源与主机电源连在一起，此步可省略）及其他外设电源（如音箱）。

步骤 3：打开主机电源（按下主机箱上的 Power 电源按钮），安装了 Windows 10 操作系统的计算机，打开电源开关后系统首先进行硬件自检。如果用户在安装 Windows 10 时设置了口令，则在启动过程中将出现口令对话框，用户只有回答正确的口令方可进入 Windows 10 系统，如图 1-1 所示；如果没有设置口令，系统将直接进入 Windows 10 桌面，如图 1-2 所示。

【说明】　计算机系统从关机状态（电源关闭）进入工作状态时进行的启动过程称为"冷启动"。

图 1-1　Windows 10 登录界面

2）操作步骤如下

使用完计算机后，如果暂时一段时间不用，需要关闭计算机。正确的关机步骤可采用如下两种方法。

方法一。

步骤 1：关闭所有正在运行的程序或窗口，方法将在第 2 章讲解。

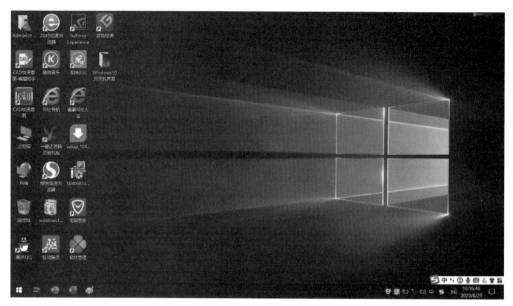

图 1-2　Windows 10 桌面

步骤 2：单击"开始"菜单→单击"电源"图标，打开如图 1-3 所示的"关机"选项。

① 睡眠。"睡眠"是一种节能状态，当选择"睡眠"图标后，计算机会立即停止当前操作，将当前运行程序的状态保存在内存中并消耗少量的电能，只要不断电，当再次按下计算机开关时，便可以快速恢复"睡眠"前的工作状态。

② 关机。在单击"关机"图标后，计算机关闭所有打开的程序以及 Windows 10 本身，然后完全关闭计算机，关机界面如图 1-4 所示。

图 1-3　Windows 10"关机"选项

图 1-4　Windows 10 正在关机

③ 重启。重启计算机可以关闭当前所有打开的程序以及 Windows 10 操作系统，然后自动重新启动计算机并进入 Windows 10 操作系统。

步骤 3：关闭外设电源。

方法二。

步骤 1：关闭所有正在运行的程序或窗口，方法将在第 2 章讲解。

步骤 2：在桌面空白处按下 Alt＋F4 组合键，在弹出的"关闭 Windows"对话框中单击

"希望计算机做什么"列表框,弹出其下拉列表,如图 1-5 所示,选择所需选项单击"确定"按钮即可完成相应操作。

① 切换用户。选择"切换用户"选项后,关闭所有当前正在运行的程序,但计算机不会关闭,其他用户可以登录而无须重新启动计算机。

② 注销。选择"注销"选项的操作和"切换用户"的操作类似。

③ 关机。进入关机界面关闭计算机。

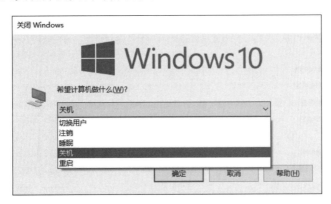

图 1-5   Windows 10"关闭 Windows"对话框

步骤 3:关闭外设电源。

【注意】   无论是开机还是关机,请务必按照如上正确操作步骤操作。在万不得已的情况下才采用按 Power 电源按钮强行关闭计算机,强行关机对计算机的损害很大,直接切断交流电源的方法更不可取。

实验项目 1.1.2   "死机"情况的处理

任务描述

假设计算机因故障或操作不当,正处于"死机"状态,请给出合理的解决方案来重新启动计算机,并进行实践操作。

操作提示

出现"死机"情况时,须按以下步骤来实现计算机重启。

步骤 1:热启动。按 Ctrl+Alt+Del 组合键,系统会自动弹出一个新界面,如图 1-6 所示,提示用户选择哪个操作,包括"锁定""切换用户""注销""更改密码""任务管理器",若选择"任务管理器"选项,则打开"任务管理器"窗口,如图 1-7 所示,选择"无响应的应用程序"后单击"结束任务"按钮,或选择无响应的进程后单击"结束进程"按钮,即可结束死机状态。

步骤 2:按 Reset 按钮实现复位启动。当采用热启动不起作用时,可按复位按钮 Reset 进行启动,按下此按钮后立即释放,就完成了复位启动。这种复位启动也称为热启动。

图 1-6   选择"任务管理器"命令

计算机基础操作与中英文录入

步骤 3：强行关机后再重新启动计算机。如果使用前两种方法都不行，就直接长按Power 电源按钮直到显示器黑屏，然后释放电源按钮，稍等片刻后再次按下 Power 按钮启动计算机即可。这种启动属于冷启动。

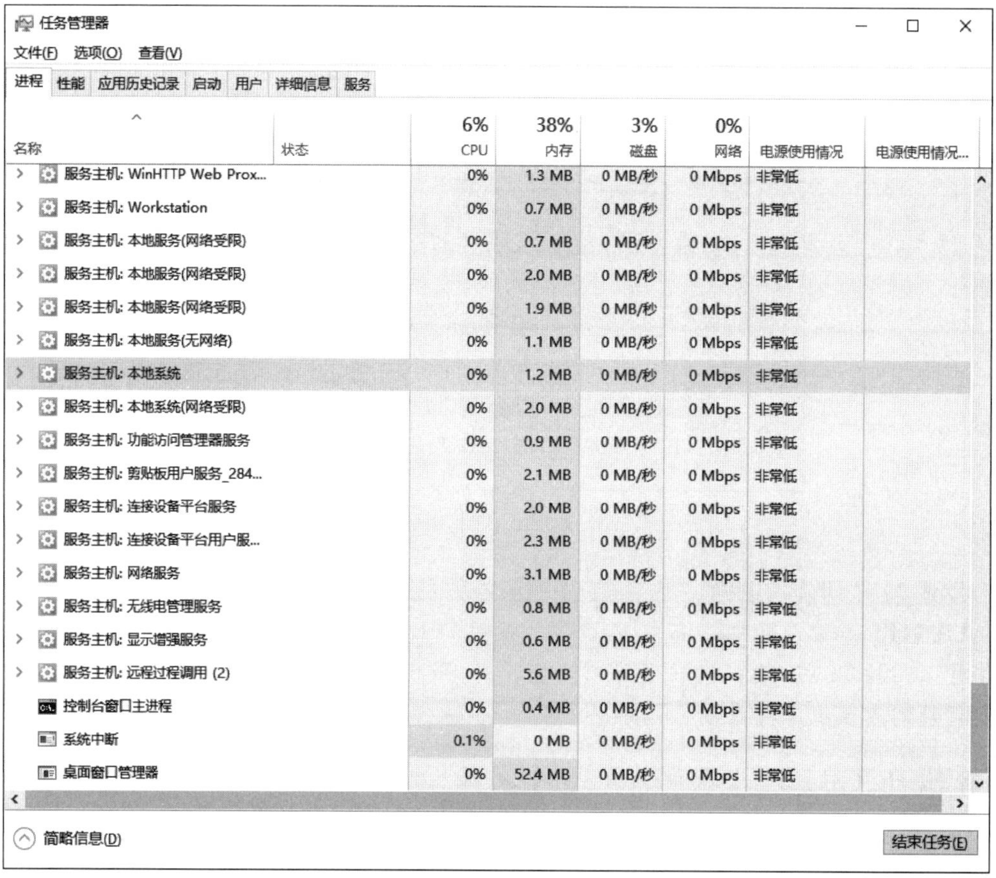

图 1-7　"任务管理器"窗口

实验项目 1.1.3　鼠标操作

任务描述

练习鼠标的指向、单击、双击、右击和拖动操作。

操作提示

（1）指向：移动鼠标，将鼠标指针移到操作对象上。

（2）单击：快速按下并释放鼠标左键，一般用于选定一个操作对象。

例如选定"此电脑"图标的操作：

步骤 1：移动鼠标指针到"此电脑"图标上，如图 1-8 所示。

步骤 2：快速按下并释放鼠标左键，如图 1-9 所示。

（3）双击：快速连续两次按下并释放鼠标左键，一般用于打开窗口或启动应用程序。

例如打开"此电脑"窗口，操作步骤如下。

步骤 1：将鼠标指针移到"此电脑"图标上。

图 1-8　鼠标指针指向"此电脑"图标　　　　图 1-9　鼠标单击"此电脑"图标

步骤 2：快速连续两次按下并释放鼠标左键，即可打开"此电脑"窗口，如图 1-10 所示。

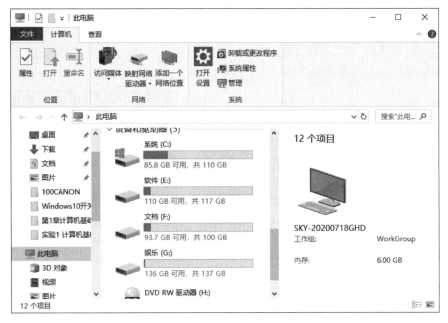

图 1-10　"此电脑"窗口

（4）右击：快速按下并释放鼠标右键，一般用于打开一个与操作对象相关的快捷菜单。例如打开"此电脑"窗口也可采用如下步骤。

步骤 1：将鼠标指针指向"此电脑"图标。

步骤 2：快速按下并释放鼠标右键，立即弹出快捷菜单，如图 1-11 所示。

步骤 3：选择"打开"命令，如图 1-12 所示，立即打开"此电脑"窗口。

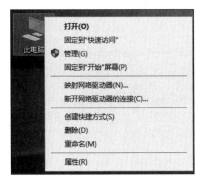
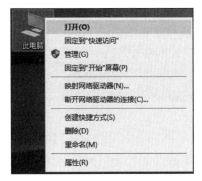

图 1-11　"此电脑"的快捷菜单　　　　　　图 1-12　选择"打开"命令

【思考】 右击不同的操作对象所弹出的快捷菜单一样吗？请操作练习。

(5) 拖动：按住鼠标左键拖动鼠标到指定位置,再释放按键的操作。拖动一般用于选择多个操作对象以及复制或移动对象等。

例如选择"此电脑"图标和"回收站"图标,将它们拖移至屏幕中心位置。操作步骤如下。

步骤 1：右击桌面空白处,在弹出的快捷菜单中选择"查看"→"自动排列图标"命令,取消"自动排列图标"的选中状态,如图 1-13 所示。

步骤 2：分别将"此电脑"图标和"回收站"图标移至屏幕中心位置,用鼠标拖动框选法将它们都选中,如图 1-14 所示。

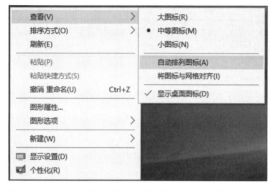 

图 1-13　在"查看"子菜单中取消"自动排列图标"选项　　图 1-14　鼠标拖动框选法

步骤 3：按下鼠标左键将它们拖曳至屏幕中任意位置后释放鼠标左键。

实验项目 1.1.4　键盘操作

任务描述

观察键盘,完成以下任务。

(1) 找到主键盘区、功能键区、编辑键区、数字小键盘区(辅助键区)和状态指示灯。

(2) 识别和记忆各键名称、键位及功能：请找到 Esc 键、Tab 键、Caps Lock 键、左/右 Shift 键、左/右 Alt 键、左/右 Ctrl 键、Backspace 键、Delete 键、Insert 键、PrintScreen 键、Enter 键,了解它们各自的功能。

(3) 键盘上的 3 个状态指示灯分别代表什么意思？

(4) 用正确的指法分别敲击键盘上的各键。

问题解析及操作提示

(1) 问题解析

键盘是很重要的输入设备,它的组成及分区如图 1-15 所示。

(2) 问题解析

要求熟记键盘上各键的名称、键位及功能,这是我们熟练地编辑输入文档的重要基础。

(3) 问题解析

键盘上的 3 个状态指示灯的标识分别为 NumLock、CapsLock、ScrollLock,它们的功能如下。

图 1-15　键盘的分区

- NumLock 指示灯：数字/编辑锁定状态指示灯。点亮时表示小键盘处于数字输入状态（此时敲击小键盘输入 0～9 数字有效），否则为编辑输入状态。按 NumLock 键可实现状态切换。
- CapsLock 指示灯：大写字母锁定状态指示灯。点亮时表示处于大写字母输入状态，否则为小写字母输入状态。按 CapsLock 键可实现大小写字母输入状态的切换。
- ScrollLock 指示灯：滚动锁定指示灯，由于很少用，在此不做说明。

（4）操作解析如下。

敲击键盘正确的指法如图 1-16 所示。

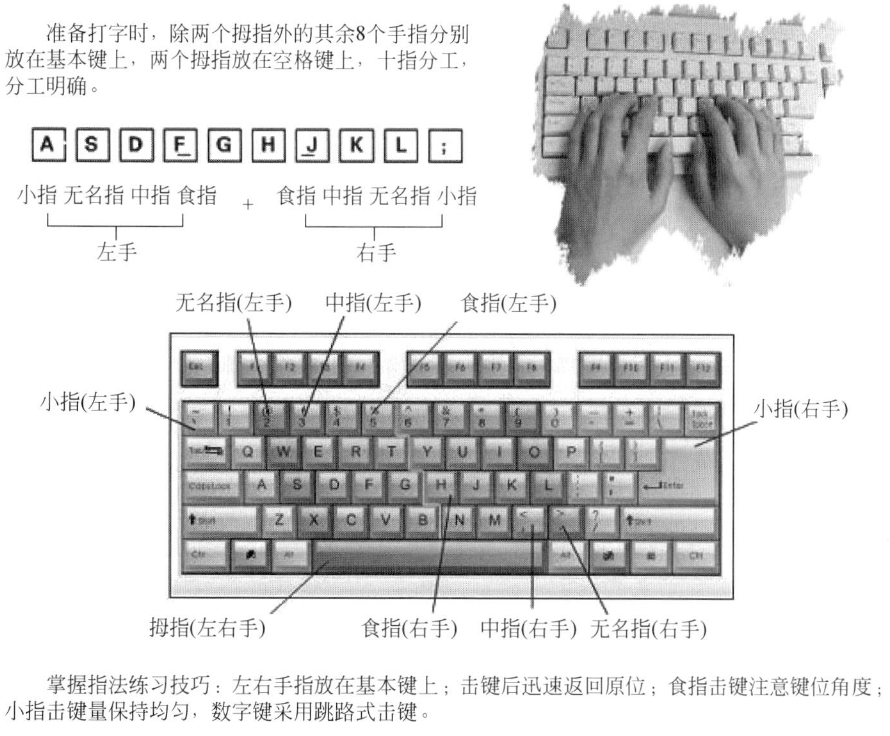

准备打字时，除两个拇指外的其余8个手指分别放在基本键上，两个拇指放在空格键上，十指分工，分工明确。

A S D F G H J K L ;
小指 无名指 中指 食指 ＋ 食指 中指 无名指 小指
左手　　　　　　　　右手

无名指(左手)　中指(左手)　食指(左手)

小指(左手)　　　　　　　　　　　　　小指(右手)

拇指(左右手)　　食指(右手)　中指(右手)　无名指(右手)

掌握指法练习技巧：左右手指放在基本键上；击键后迅速返回原位；食指击键注意键位角度；小指击键量保持均匀，数字键采用跳路式击键。

图 1-16　击键的正确指法

计算机基础操作与中英文录入

实验 1.2 中英文录入

【实验目的】

(1) 熟练掌握键盘使用的基本方法。

(2) 熟练掌握英文输入。

(3) 熟练掌握一种汉字输入法。

实验项目 1.2.1 英文输入

任务描述

(1) 启动"写字板"程序,进入写字板。

(2) 将输入法切换成英文输入状态,在写字板中输入如下英语短文。

The content of the disk which is currently inserted into the source drive is read and stored in HD-COPY's internal buffer,Then it can be written to any number of destination disks.

Mouse usage: simply click anywhere in the source window, or click on this line in the main menu.

If "auto verify" is switched on, the data written to the disk is reread and compared with the actual data, so write errors can be detected, but it take more time of course.

If "format" is switched on ,the destination disk is also formatted, It is also formatted if "format" is switched to "automatic"(" ＊ ") and if the disk isn't already appropriately formatted.

Mous usage: simply click anywhere in the destination window,or click on this line in the main menu.

This menu entry leads to the"Format" submenu. It enables you to format disks at various formats(720KB up to 1.764MB). Press the Esc key to return to the main menu.

A unique serial number and name is assigned to each disk. You can also specify a volume name for the disks being formatted, or you can let HD-COPY choose an "artificial" name which is calculated from the current system date and time. Additionally, each disk gets a special boot sector which causes the computer to boot from hard disk automatically if the disk isn't bootable. This also reduces the risk of virus infection.

操作提示

(1) 操作步骤如下。

步骤 1:单击"开始"按钮。

步骤 2:在弹出的"开始"菜单列表中选择"Windows 附件"→"写字板"命令,打开"写字板"窗口。

(2) 操作提示如下:

按 Ctrl＋Space 组合键,将输入法切换至英文状态,然后输入英文短文。

在输入过程中应掌握如下两个要领：

- 两眼注意原稿,绝对不允许看键盘,就是做到通常说的"盲打"。要靠手指的触摸和位置的熟练来确定击键的位置,只要坚持按照正确的操作方法和顺序进行练习,熟能生巧,一定能逐步达到正确、熟练、快速的键盘录入水平。
- 精神高度集中,避免出现差错。要把输入的差错减到最少,提高正确率,也就等于提高了速度。只顾追求录入速度而忽略了差错率,那么录入得越多,差错就越多,欲快则反而可能更慢了,这就是所谓的"欲速则不达"。

在输入过程中人的坐姿及手指指法：

- 手腕要平直,放松,手臂要保持静止,全部动作只限于手指部分。
- 手指要保持弯曲,稍微拱起,用指尖轻轻放在字键的中央。
- 输入前应把手指按指法分区放在基本键位上,大拇指轻放在空格键上。输入时,手抬起,要击键的手指伸出,轻击后立即返回基本键位"常驻地",不可停留在已击的字键上,要注意有节律地轻击字键,不能击键过轻,也不能用力过猛。空格键由大拇指管理,只要右手轻抬,大拇指横着向下一击并立即回归,每击一次输入一个空格。段落结束或终止输入命令只需用右手小指轻击 Enter 键,击键后右手应退回基本键位置。

实验项目 1.2.2　中文输入

任务描述

选择一种汉字输入法,在写字板中输入如下中文短文。

水 淹 七 军

三国时,军事损失最大的一场雨,也是曹操一生中遇到的最糟糕的一场雨,下于建安二十四年(公元 219 年)秋天,竟然"水淹七军"。

据《三国志·魏书·于禁传》(卷十七),当时,汉中王刘备命令关羽进攻魏军把守的樊城。樊城守将是曹仁,守城兵力不足,曹操立即派于禁、庞德二将,率领七支人马前去增援。曹仁让于禁、庞德不要进城,驻扎于城北,以里应外合,控制关羽攻城。

俗话说,人算不如天算。正在双方相持不下时,樊城一带下起一场也许是百年不遇的大暴雨,一连下了多日,导致汉水暴涨,地上积水三四米深,陆上可行船。魏军兵营设在一片平地上,谁也没有想到会突然来这么一场雨。大水汹涌而至,魏七军人马全被淹在水里。魏军多北方人,不习水性,事前又没准备船只,只得泅水往高地转移,但为时已晚——这就是三国经典故事"水淹七军"的由来。

这场雨,对魏军来说糟糕透顶,但对关羽则是一场及时雨,真是"天助我也"。关羽抓住战机,率领水军,把魏军全部消灭,于禁投降,庞德拒降被杀——七军人马因一场雨,报销了。

湖北襄樊(今襄阳)的暴雨最容易成灾,在现代亦然。如在 2008 年夏,便下了十年不遇的强暴雨,造成很大损失,当然现在的防灾能力不是以前能比拟的,所以受灾程度要轻得多。

谈 读 书

读书足以怡情,足以博彩,足以长才。其怡情也,最见于独处幽居之时;其博彩也,最见于高谈阔论之中;其长才也,最见于处世判事之际。

练达之士虽能分别处理细事或一一判别枝节，然纵观统筹，全局策划，则舍好学深思者莫属。读书费时过多易惰，文采藻饰太盛则矫，全凭条文断事乃学究故态。

读书补天然之不足，经验又补读书之不足，盖天生才干犹如自然花草，读书然后知如何修剪移接，而书中所示，如不以经验范之，则又大而无当。

有一技之长者鄙读书，无知者羡读书，唯明智之士用读书，然书并不以用处告人，用书之智不在书中，而在书外，全凭观察得之。

读书时不可存心诘难读者，不可尽信书上所言，亦不可只为寻章摘句，而应推敲细思。

书有可浅尝者，有可吞食者，少数则须咀嚼消化。换言之，有只需读其部分者，有只须大体涉猎者，少数则须全读，读时须全神贯注，孜孜不倦。书亦可请人代读，取其所作摘要，但只限题材较次或价值不高者，否则书经提炼犹如水经蒸馏，淡而无味。

读书使人充实，讨论使人机智，笔记使人准确。因此不常作笔记者须记忆力特强，不常讨论者须天生聪颖，不常读书者须欺世有术，始能无知而显有知。

读史使人明智，读诗使人灵秀，数学使人周密，科学使人深刻，伦理学使人庄重，逻辑修辞之学使人善辩；凡有所学，皆成性格。

操作提示

输入汉字时首先需要选择一种汉字输入法，常用方法有以下两种。

- 鼠标选择法。
- 键盘选择法——使用快捷键。

【操作解析】

1. 输入法的使用

下面以"中文（简体）-搜狗拼音输入法"为例说明输入法的调出、切换与输入。

（1）从任务栏调出输入法：单击任务栏右侧的 ▦ 图标，打开输入法菜单，如图 1-17 所示，单击"中文（简体）-搜狗拼音输入法"命令，即可调出此输入法，或按 Ctrl＋Shift 组合键切换到该输入法，任务栏将显示某输入法的状态条，如图 1-18 所示。

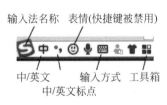

图 1-17　输入法选项列表　　　　图 1-18　输入法状态条按钮

"中文（简体）-搜狗拼音输入法"是一种在全拼输入法的基础上加以改进的拼音输入法，它可以用多种方式输入汉字。例如，"中国人民"可以输入全部拼音 zhongguorenmin，也可以只输入简拼即声母 zgrm，还可以全拼与简拼混合输入，即 zhonggrm。

（2）中英文状态切换：在输入汉字时，切换到英文状态通常有以下两种方法，一是按 Shift 键快速切换中/英文状态；二是在输入法状态条中单击"中/英文"图标将中文转换成英文或将英文状态转换为中文状态。

（3）中英文标点切换：在输入汉字时，切换中英文标点通常用两种方法，一是按 Ctrl＋.

组合键快速切换中英文标点；二是单击输入法状态条中的"中文标点"图标转换至"英文标点"图标，反之亦然。

（4）全角/半角状态切换：右击"输入法状态条"，弹出如图 1-19 所示的快捷菜单，再单击"全半角"图标则实现全角/半角状态切换。

2. 软键盘

软键盘（soft keyboard）是通过软件模拟的键盘，可以通过单击输入需要的各种字符，一般在一些银行的网站上要求输入账号和密码时很容易看到。使用软键盘是为了防止木马记录键盘的输入。

在输入法状态条的快捷菜单中单击"软键盘"图标或者右击"输入方式"图标都会打开如图 1-20 所示的 13 个选项组成的选项栏，它就是 Windows 10 系统提供的 13 种软键盘布局。在选项栏中选择任何一个选项就可以切换到任何一个字符界面，从而实现 13 种不同类型字符的输入。其中，若单击"PC 键盘"选项则会打开"搜狗软键盘"界面，如图 1-21 所示，通过"搜狗软键盘"可以输入数字、英文字符、标点符号和汉字等。

图 1-19　输入法状态条的快捷菜单

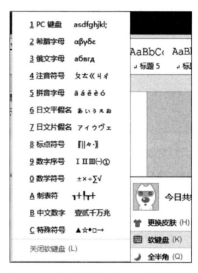

图 1-20　"软键盘"中的 13 种字符布局

图 1-21　"搜狗软键盘"界面

【注意】　中、英文录入是学习计算机操作的基本功，一定要勤加练习，提高中、英文录入速度。汉字录入速度要求达到 40 字/分钟以上。为了提高录入效率，请熟练掌握并且灵活运用 Ctrl＋Space、Ctrl＋Shift 等快捷键来切换输入法状态。

计算机基础操作与中英文录入

3．五笔字型输入法

五笔字型输入法是我国的王永民教授发明的,所以又称为"王码",现在已被微软公司收购,微软公司经过升级后提供 86 和 98 两种版本,常用的是 86 版。

五笔字型输入法的优点是无须知道汉字的发音,编码规则是确定一个汉字由哪几个字根组成。每个汉字或词组最多击 4 键便可输入,重码率极低,可实现盲打,是目前输入汉字速度较快的一种输入法。

五笔字根是指组成汉字的最常用笔画或部首,共归纳了 130 个基本字根,分布在 25 个英文字母键位上(Z 键除外),这些字根是组字和拆字的依据。

汉字有横、竖、撇、捺、折 5 种笔画,它们分布在键盘上的 5 个区中,为了便于用户记忆,把每个区各键位的字根编成口诀如下。

五笔字型均直观,依照笔顺把码编;

键名汉字打四下,基本字根请照搬;

一二三末取四码,顺序拆分大优先;

不足四码要注意,交叉识别补后边。

末笔字型交叉识别码是"末笔画的区号(十位数,1～5)＋字形代码(个位数,1～3)"＝对应的字母键,其中,字形代码为左右型 1、上下型 2、杂合性 3。

(1) 键名汉字。连击四次,例如,月(eeee)、言(yyyy)、口(kkkk)。

(2) 成字字根。键名＋第一、二、末笔画,不足 4 码时按空格,例如雨(fghy)、马(cnng)、四(lhng)。

(3) 单字。例如操(rkks)、鸿(iaqg)、否(gikf)、会(wfcu)、位(wug 空格)。

(4) 词组。

- 两字词：每字各取前两码,例如奋战(dlhk)、显著(joaf)、信息(wyth)。
- 三字词：取前两字第一码、最后一字前两码。例如计算机(ytsm)、红绿灯(xxos)、实验室(pcpg)。
- 四字词：每字各取其第一码,例如众志成城(wfdf)、四面楚歌(ldss)。
- 多字词：取第一、二、三及最末一个字的第一码。例如中国共产党(klai)、中华人民共和国(kwwl)、百闻不如一见(dugm)。

实验 2 | Windows 10 操作系统

实验 2.1　Windows 10 的系统设置

【实验目的】

（1）理解操作系统的基本概念和 Windows 10 的新特性。

（2）掌握 Windows 10 系统中"设置"按钮的功能及使用。

实验项目 2.1.1　设置桌面背景

任务描述

选择一幅自己喜欢的图片作为桌面背景，图片存放在"实验指导素材库\实验 2"下的"背景图片"文件夹中。

操作提示

步骤 1：单击"开始"→"设置"按钮，如图 2-1 所示。

步骤 2：打开"设置 "窗口一，在"Windows 设置"栏中选择"个性化"图标，如图 2-2 所示。

图 2-1　单击"设置"按钮

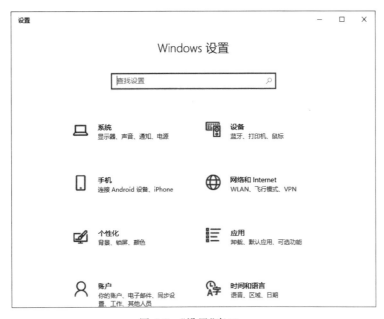

图 2-2　"设置"窗口一

步骤 3：在打开的"设置"窗口二的"个性化"栏中选择"背景"选项，在右侧"背景"列表框中选择"图片"选项，单击"浏览"按钮，如图 2-3 所示。

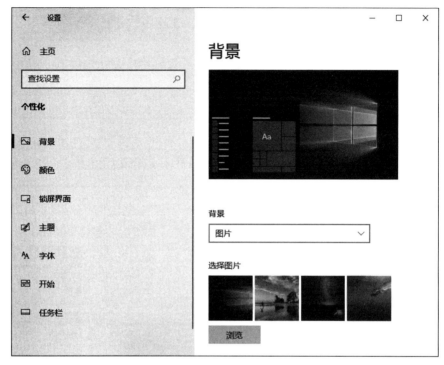

图 2-3　"设置"窗口二

步骤 4：在打开的"打开"对话框中找到"背景图片"文件夹并双击，选择所需图片，单击"选择图片"按钮，如图 2-4 所示。最后关闭"设置"窗口。

图 2-4　"打开"对话框

实验项目 2.1.2　设置屏幕保护

任务描述

设置屏幕保护，要求选择并插入一组图片——上海外滩夜景，设置等待时间为 5 分钟，幻灯片放映速度为中速。图片存放在"实验指导素材库\实验 2"下的"上海外滩夜景"文件夹中。

操作提示

步骤 1：在打开的"设置"对话框左侧"个性化"栏中选择"锁屏界面"选项，拖动右侧的滚动条，找到并单击"屏幕保护程序设置"超链接，如图 2-5 所示。

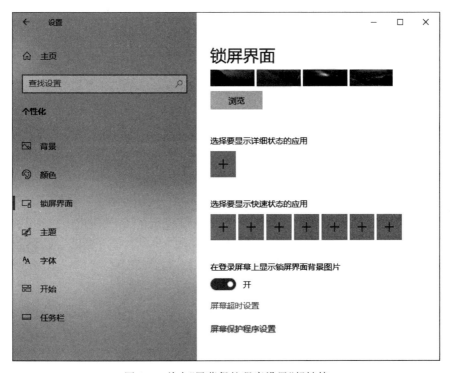

图 2-5　单击"屏幕保护程序设置"超链接

步骤 2：在打开的"屏幕保护程序设置"对话框的"屏幕保护程序"下拉列表中选择"照片"选项，"等待"时间设置为 5 分钟，单击"设置"按钮，如图 2-6 所示。

步骤 3：在打开的"照片屏幕保护程序设置"对话框中，将"幻灯片放映速度"设置为"中速"，单击"浏览"按钮，如图 2-7 所示。

步骤 4：在打开的"浏览文件夹"对话框中找到存放照片的文件夹，单击"确定"按钮，如图 2-8 所示，返回到"照片屏幕保护程序设置"对话框中，单击"保存"按钮。

步骤 5：再返回到"屏幕保护程序设置"对话框中，单击"应用"按钮完成设置。

实验项目 2.1.3　任务栏设置

任务描述

改变任务栏的位置，将任务栏设置为自动隐藏。

16

图 2-6　"屏幕保护程序设置"对话框

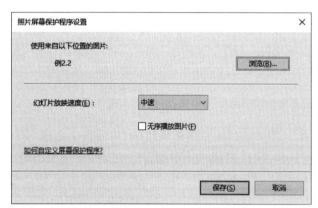

图 2-7　"照片屏幕保护程序设置"对话框

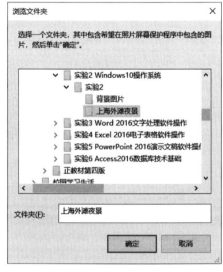

图 2-8　"浏览文件夹"对话框

图 2-9　"任务栏"快捷菜单

操作提示

步骤 1：右击任务栏空白处，弹出其快捷菜单，如图 2-9 所示。

步骤 2：选择"任务栏设置"命令，打开"设置-任务栏"窗口，在右侧栏目中，将"在桌面模式下自动隐藏任务栏"选项按钮设置为"开",则任务栏将自动隐藏,如图 2-10 所示。

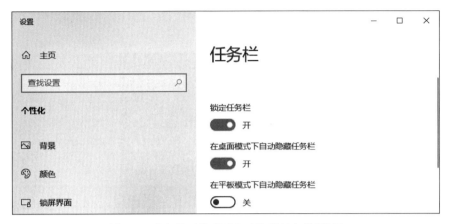

图 2-10 "在桌面模式下自动隐藏任务栏"设置

步骤 3:在打开的"设置-任务栏"窗口中,单击右侧"任务栏在屏幕上的位置"列表框的下拉按钮,打开其列表,包括"靠左""顶部""靠右"和"底部"4 个选项,选择其中之一,可设置任务栏在桌面上的放置位置,如图 2-11 所示。

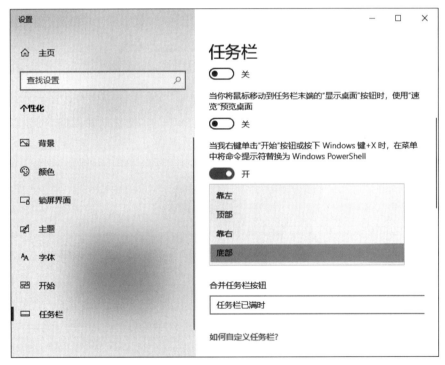

图 2-11 设置任务栏在桌面上的放置位置

实验项目 2.1.4 设置系统日期和时间

任务描述

以北京标准时间为准设置系统日期和时间。

操作提示

步骤 1：单击任务栏右下角的"日期和时间"图标，打开如图 2-12 所示的日期时间信息提示区。

图 2-12　日期时间信息提示区

　　步骤 2：单击"日期和时间设置"超链接，打开"设置-日期和时间"窗口，在右侧栏目中，同时关闭"自动设置时间"和"自动设置时区"按钮，并单击"更改日期和时间"按钮，如图 2-13 所示。

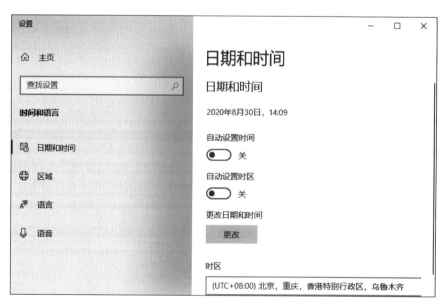

图 2-13　单击"更改日期和时间"按钮

步骤 3：打开"更改日期和时间"对话框，按北京标准日期和时间调整系统日期和时间，单击"更改"按钮关闭对话框，如图 2-14 所示。然后返回到"设置-日期和时间"窗口中，开启"自动设置时间"和"自动设置时区"按钮。

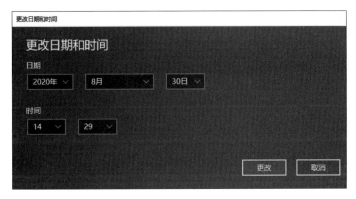

图 2-14 "更改日期和时间"对话框

实验项目 2.1.5 用户管理

任务描述

创建用户名为 Student 的账户并为该账户设置 8 位密码。

操作提示

步骤 1：单击"开始"→Administrator 按钮，弹出上拉列表，选择"更改账户设置"命令，如图 2-15 所示。

步骤 2：在打开的"设置-账户信息"窗口的左侧列表中选择"其他用户"选项，如图 2-16 所示。

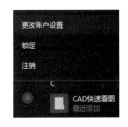

图 2-15 选择"更改账户设置"
命令

图 2-16 选择"其他用户"选项

步骤3：打开"设置-其他用户"窗口，在右边"其他用户"栏目中，单击"将其他人添加到这台电脑"按钮，如图 2-17 所示。

步骤4：打开"[本地用户和组(本地)\用户]"窗口，在左边栏目中选择"用户"选项，在中间栏目中选择 Guest 选项，在右边栏目中的"用户"栏，单击"更多操作"按钮，弹出其右侧列表，选择"新用户"命令，如图 2-18 所示。

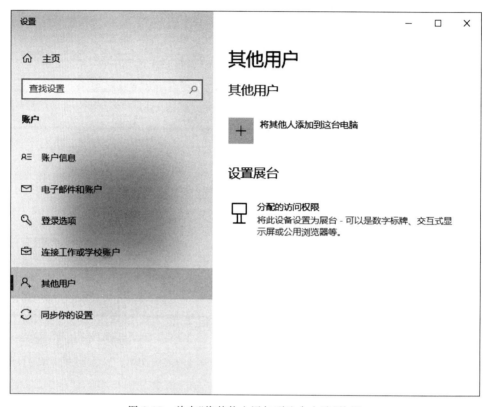

图 2-17　单击"将其他人添加到这台电脑"按钮

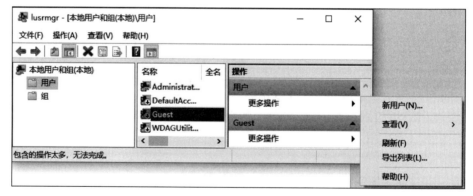

图 2-18　选择"新用户"命令

步骤5：在打开的"新用户"对话框中，输入用户名 Student，输入并确认 8 位密码，单击"创建"按钮，再单击"关闭"按钮关闭对话框，如图 2-19 所示。

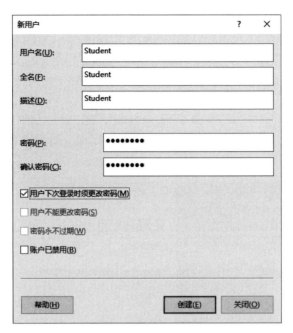

图 2-19 "新用户"对话框

步骤 6：返回到"[本地用户和组(本地)\用户]"窗口，在中间的"名称"栏目中的 Guest（来宾账户）账户名下新增加了一个 Student 的账户，如图 2-20 所示。这就是我们刚才添加的新账户。

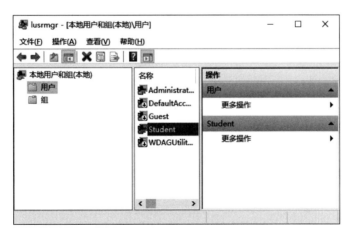

图 2-20 在 Guest（来宾账户）名下新增加了 Student 账户

实验项目 2.1.6 设置开机密码

任务描述

设置开机密码为 PIN 码。

操作提示

PIN 是为了方便移动、手持设备进行身份验证的一种密码措施，设置 PIN 之后，在登录

22

图 2-21　选择"更改账户设置"
命令

系统时,只要输入设置的数字字符,不需要按 Enter 键或单击鼠标,即可快速登录系统,也可以访问 Microsoft 服务的应用。设置开机密码为 PIN 码的操作步骤如下。

步骤 1：单击"开始"→Administrator 按钮,在弹出的菜单中选择"更改账户设置"命令,如图 2-21 所示。

步骤 2：在打开的"设置"窗口左侧的"账户"栏选择"登录选项"命令,在右侧 PIN 区域下方单击"添加"按钮,如图 2-22 所示。

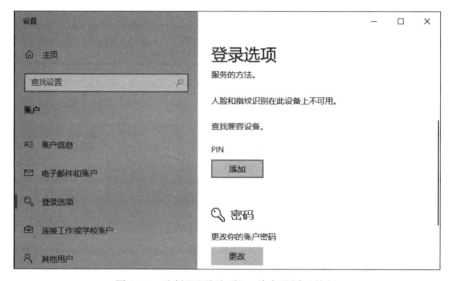

图 2-22　选择"登录选项"→单击"添加"按钮

步骤 3：在弹出的"Windows 安全中心"对话框中的第一个文本框中输入密码,在第二个文本框中再次输入确认密码,单击"确定"按钮即可完成设置 PIN 密码的操作,如图 2-23 所示。

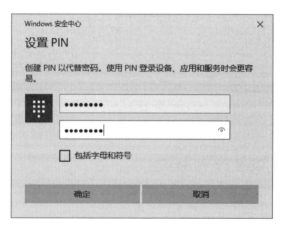

图 2-23　输入 PIN 码

实验项目 2.1.7 将"画图"程序固定到"开始"屏幕

任务描述

将"画图"程序固定到"开始"屏幕,然后再将其移出。

操作提示

将"画图"程序固定到"开始"屏幕的操作步骤如下。

步骤 1:单击"开始"→"Windows 附件"菜单,弹出"Windows 附件"的子菜单,如图 2-24 所示。

步骤 2:右击"画图"程序图标,在弹出的快捷菜单中选择"固定到开始屏幕"命令,如图 2-25 所示。

图 2-24 "Windows 附件"的子菜单

图 2-25 "画图"程序的快捷菜单

将"画图"程序从开始屏幕移出的操作步骤如下。

步骤 1:在开始屏幕中找到"画图"程序,如图 2-26 所示。

步骤 2:右击"画图"程序图标,弹出其快捷菜单,选择"从'开始'屏幕取消固定"命令,如图 2-27 所示。

图 2-26 "开始"屏幕中的画图程序

图 2-27 "画图"程序的快捷菜单

实验项目 2.1.8 将"写字板"程序固定到任务栏

任务描述

将"写字板"程序固定到任务栏,然后再将其移出。

操作提示

将"写字板"程序固定到任务栏的操作步骤如下。

步骤 1:单击"开始"→"Windows 附件"菜单,弹出"Windows 附件"的子菜单,如图 2-28 所示。

步骤 2:右击"写字板"程序图标,在弹出的快捷菜单中选择"更多"→"固定到任务栏"命令,如图 2-29 所示。

图 2-28 "Windows 附件"的子菜单   图 2-29 "写字板"程序的快捷菜单

图 2-30 "写字板"程序的快捷菜单

将"写字板"程序从任务栏中移出的操作步骤如下。

步骤 1:右击任务栏中的"写字板"程序图标,弹出其快捷菜单,如图 2-30 所示。

步骤 2:选择"从任务栏取消固定"命令,则将"写字板"程序移出任务栏。

实验 2.2 Windows 10 的系统维护

【实验目的】

(1)理解操作系统的基本概念和 Windows 10 的新特性。

(2)掌握常用的系统维护方法。

实验项目 2.2.1 U 盘的安全使用

任务描述

U 盘以其存储信息量大、小巧玲珑、插拔和携带方便等优点被广泛用于计算机系统中的信息复制、信息存储。正是由于这个原因，U 盘常常频繁地接触其他计算机、计算机网络，因此它也就成为计算机系统中病毒的主要携带者、传播者。所以在复制和使用 U 盘中的数据之前必须对其杀毒，使用完后要安全地拔出。

（1）U 盘在使用前必须杀毒，操作步骤如下。

步骤 1：单击"任务栏"信息提示区中的 U 盘图标，弹出信息提示框，如图 2-31 所示。

步骤 2：选择"杀毒"命令，系统便对指定位置 U 盘进行病毒"扫描"检查，如图 2-32 所示。

步骤 3：扫描完成无风险项，如图 2-33 所示，说明 U 盘可放心使用，如果有风险项存在，则需要经过杀毒处理方可使用。

图 2-31　"U 盘"图标的信息提示框

图 2-32　对 U 盘进行杀毒扫描

图 2-33　扫描完成无风险项

25

（2）优盘使用后安全拔出。

优盘使用后不能随意拔出，否则可能会损坏数据。安全拔出优盘的步骤如下。

图 2-34　拔出优盘前的
提示信息

步骤 1：单击"任务栏"信息提示区中的优盘图标，弹出其信息提示框。

步骤 2：选择"安全退出"命令，立即弹出"已安全退出"提示信息，如图 2-34 所示。

步骤 3：拔出优盘。

实验项目 2.2.2　磁盘清理

任务描述

通过运行磁盘清理程序，清空回收站、删除临时文件和不再使用的文件、卸载不再使用的软件等，以达到回收磁盘存储空间的目的。

操作提示

步骤 1：在系统桌面上单击屏幕左下角的"开始"按钮，在其打开的所有程序列表中选择"Windows 管理工具"命令，在展开的子菜单中选择"磁盘清理"子命令，如图 2-35 所示。

步骤 2：在弹出的"磁盘清理：驱动器选择"对话框中单击"驱动器"下拉按钮，在弹出的下拉列表中选择准备清理的驱动器，如选择 G 盘，单击"确定"按钮，如图 2-36 所示。

图 2-35　选择"磁盘清理"子命令

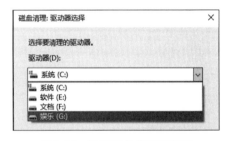

图 2-36　选择准备清理的磁盘

步骤 3：弹出"（G:）的磁盘清理"对话框，在"要删除的文件"区域中选中准备删除文件的复选框和"回收站"复选框，单击"确定"按钮，如图 2-37 所示。

步骤 4：在弹出的"磁盘清理"对话框中单击"删除文件"按钮即可完成磁盘清理的操作，如图 2-38 所示。

实验项目 2.2.3　整理磁盘碎片

任务描述

定期整理磁盘碎片可以保证文件的完整性，从而提高电脑读取文件的速度。

操作提示

步骤 1：在系统桌面上单击屏幕左下角的"开始"按钮，在其打开的所有程序列表中选择"Windows 管理工具"命令，在展开的子菜单中选择"碎片整理和优化驱动器"命令，如图 2-39 所示。

步骤 2：在弹出的"优化驱动器"窗口的"状态"列表框中单击准备整理的磁盘，如 F 盘，单击"优化"按钮，如图 2-40 所示。

图 2-37 选择要删除的文件

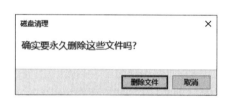

图 2-38 单击"删除文件"按钮

图 2-39 选择"碎片整理和优化
驱动器"命令

图 2-40 选择驱动器并单击"优化"按钮

步骤 3：碎片整理结束,单击"关闭"按钮关闭"优化驱动器"窗口完成整理磁盘碎片操作。

实验项目 2.2.4 磁盘信息浏览

任务描述

浏览并记录当前计算机系统中磁盘的分区信息,将其填到如图 2-41 所示的表格中。

存储器		盘符	文件系统类型	空闲空间
磁盘 D	主分区			
	扩展分区			

图 2-41 磁盘信息分区表

操作提示

步骤 1：右击桌面上的"此电脑"图标,弹出其快捷菜单,如图 2-42 所示。

步骤 2：选择"管理"命令,打开"计算机管理"窗口一,如图 2-43 所示。

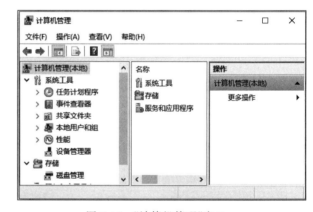

图 2-42 "此电脑"图标的快捷菜单   图 2-43 "计算机管理"窗口一

步骤 3：在左窗格单击"磁盘管理"命令,打开"计算机管理"窗口二,如图 2-44 所示,将中间窗格的磁盘分区信息填入如图 2-41 所示表格中。

图 2-44 "计算机管理"窗口二

实验项目 2.2.5 设备管理信息查询

任务描述

进入设备管理界面,填写下列信息。

(1) 计算机的型号:(　　　)。

(2) 处理器的型号:(　　　)。

(3) 显示适配器的型号:(　　　)。

(4) 磁盘驱动器的型号:(　　　)。

(5) 网络适配器的型号:(　　　)。

操作提示

步骤 1:在"计算机管理"窗口的左侧窗格中选择"设备管理器"选项,进入设备管理界面,如图 2-45 所示。

步骤 2:在中间窗格中选择某选项,即可查看到相应设备的型号。

图 2-45　"计算机管理"窗口三

实验 2.3 Windows 10 的文件管理

【实验目的】

(1) 理解操作系统的基本概念和 Windows 10 的新特性。

(2) 掌握 Widows10 的文件与文件夹的常规操作。

(3) 掌握文件与文件夹的搜索方法。

(4) 掌握回收站的设置与使用。

实验项目 2.3.1 文件与文件夹的常规操作

任务描述

(1) 在 G 盘根目录下建立两个一级文件夹 Jsj1 和 Jsj2,然后在 Jsj1 文件夹下建立两个二级文件夹 mmm 和 nnn。

（2）在 Jsj2 文件夹中新建 4 个文件，分别为 wj1.txt、wj2.txt、wj3.txt、wj4.txt。

（3）将上题建立的 4 个文件复制到 Jsj1 文件夹中。

（4）将 Jsj1 文件夹中的 wj2.txt 和 wj3.txt 文件移动到 nnn 文件夹中。

（5）删除 Jsj1 文件夹中的 wj4.txt 文件到回收站，然后将其恢复。

（6）在 Jsj2 文件夹中建立"记事本"的快捷方式。

（7）将 mmm 文件夹的属性设置为"隐藏"。

（8）设置"显示"或"不显示"隐藏的文件和文件夹，观察前后文件夹 mmm 的变化。

（9）设置系统"显示"或"不显示"文件类型的后缀名（扩展名），观察 Jsj2 文件夹中各文件名称的变化。

操作提示

（1）操作步骤如下。

步骤 1：在桌面双击"此电脑"图标，在打开的"此电脑"窗口中双击 G 盘盘符进入 G 盘，在"主页"选项卡的"新建"组中单击"新建文件夹"按钮，如图 2-46 所示。

步骤 2：新文件夹的名字呈现蓝色可编辑状态，输入名称为题目指定的名称 Jsj1。

步骤 3：用同样的方法在 G 盘根目录下建立 Jsj2 文件夹。

步骤 4：双击 Jsj1 文件夹图标进入 Jsj1 文件夹窗口，用同样的方法建立两个二级文件夹 mmm 和 nnn。

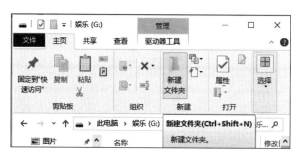

图 2-46　"主页"选项卡的"新建"组

（2）操作步骤如下。

步骤 1：在 G 盘窗口中双击 Jsj2 文件夹图标进入 Jsj2 文件夹窗口，在"主页"选项卡的"新建"组中，单击"新建项目"按钮，在弹出的下拉列表中选择"文本文档"命令，如图 2-47 所示。

图 2-47　"新建项目"按钮的下拉列表

步骤 2：新文件的名字呈现蓝色可编辑状态，输入名称为题目指定的名称 wj1.txt。

步骤 3：用同样的方法在 Jsj2 文件夹中建立 wj2.txt、wj3.txt、wj4.txt。

（3）操作步骤如下。

步骤 1：进入 Jsj2 文件夹窗口，按 Ctrl＋A 组合键或在"主页"选项卡的"选择"组中选择"全部选择"命令，如图 2-48 所示。

步骤 2：在"主页"选项卡的"组织"组中单击"复制到"按

钮,如图 2-49 所示,弹出其下拉列表,选择"选择位置"命令,如图 2-50 所示。

图 2-48 "主页"选项卡的　　图 2-49 "主页"选项卡的"组织"组　　图 2-50 "复制"按钮的下拉列表
　　　　"选择"组

步骤 3:在打开的"复制项目"对话框中找到并选中 G 盘下的 Jsj1 文件夹,单击"复制"按钮完成复制操作并自动关闭对话框,如图 2-51 所示。

图 2-51 "复制项目"对话框

(4) 操作步骤如下。

步骤 1:进入 Jsj1 文件夹窗口,右击空白处,在弹出的快捷菜单中选择"查看"→"中等图标"命令,如图 2-52 所示。

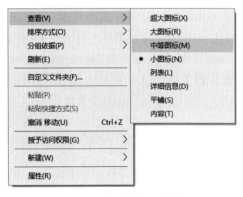

图 2-52 "查看"的子菜单

步骤 2：选中 wj2.txt 文件，按住 Ctrl 键再单击选中 wj3.txt。

步骤 3：按住左键，将它们直接拖曳至 nnn 文件夹，如图 2-53 所示。

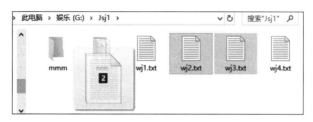

图 2-53　拖曳文件到文件夹

（5）操作步骤如下。

步骤 1：进入 Jsj1 文件夹，单击选中 wj4.txt 文件，按 Delete 键；或在"主页"选项卡的"组织"组中单击"删除"按钮，在弹出的下拉列表中选择"回收"命令，如图 2-54 所示，弹出"删除文件"对话框，如图 2-55 所示，单击"是"按钮，将 wj4.txt 文件移动到回收站。

图 2-54　"删除"按钮的下拉列表

图 2-55　"删除文件"对话框

【说明】　"删除"按钮的下拉列表包括"回收""永久删除"和"显示回收确认"3 个选项。

"显示回收确认"：该选项被选中时，用户删除的项目进入回收站时系统会弹出确认删除对话框，待用户确认后才进入回收站；否则，将会直接被删除。

"回收"：该选项被选中时，被删除项目进入回收站。

"永久删除"：该选项被选中时，被删除项目不进入回收站，而是真正物理意义上的删除。

【注意】　移动存储设备上的项目被删除时不进入回收站，而是真正物理意义上的删除。

步骤 2：进入回收站，右击 wj4.txt 文件，在弹出的快捷菜单中选择"还原"命令，如图 2-56 所示；或选中 wj4.txt 文件，在"管理回收站工具"选项卡的"还原"组中单击"还原选定的项目"按钮。wj4.txt 文件又恢复到了 Jsj1 文件夹中。

图 2-56　选择"还原"命令

（6）操作步骤如下。

步骤 1：进入 Jsj2 文件夹窗口，单击窗口右上角的"向下还原"按钮，使该窗口处于还原状态。

步骤 2：单击"开始"→"Windows 附件"菜单，选中"记事本"图标并按下鼠标左键将其直接拖移至 Jsj2 文件夹窗口，则"记事本"的快捷方式创建成功。

（7）操作步骤如下。

步骤 1：进入 Jsj1 文件夹窗口，选中 mmm 文件夹，在"查看"选项卡的"显示/隐藏"组中单击"隐藏所选项目"按钮，如图 2-57 所示。

步骤 2：此时观察 mmm 文件夹的颜色由深黄色变为浅黄色。若再一次单击"隐藏所选项目"按钮，则 mmm 文件夹又恢复到原来的深黄色。可见这个按钮就相当于一个开关。

图 2-57　单击"隐藏所选项目"按钮

（8）操作步骤如下。

步骤 1：进入 Jsj1 文件夹窗口，在"查看"选项卡的"显示/隐藏"组中取消选中"隐藏的项目"复选框，如图 2-58 所示，观察此时 mmm 文件夹已消失。

步骤 2：再次单击"隐藏的项目"复选框，使其处于选中状态，如图 2-59 所示，观察 mmm 文件夹又再一次出现。

　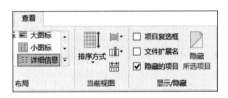

图 2-58　取消选中"隐藏的项目"复选框　　图 2-59　选中"隐藏的项目"复选框

（9）操作步骤如下。

步骤 1：进入 Jsj2 文件夹窗口，在"查看"选项卡的"显示/隐藏"组中选中"文件扩展名"复选框，如图 2-60 所示，观察所有文件的扩展名呈显示状态。

步骤 2：若取消"文件扩展名"复选框的选中状态，如图 2-61 所示，观察所有文件的扩展名呈隐藏状态。

图 2-60　选中"文件扩展名"复选框　　图 2-61　取消选中"文件扩展名"复选框

实验项目 2.3.2　文件和文件夹的搜索

任务描述

（1）查找 G 盘上所有扩展名为.txt 的文件。

（2）查找 F 盘中上星期修改过的所有扩展名为.jpg 的文件,如果查找到,将它们复制到 G 盘下的 Jsj1 文件夹。

（3）查找"计算机"上所有大于 128MB 的文件。

操作提示

（1）操作步骤如下。

步骤 1：进入 G 盘。

步骤 2：在地址栏右侧的"搜索"框中输入"＊.txt"后按 Enter 键（如图 2-62 所示）,系统便立即开始搜索,并将搜索结果按不同文件名和大小显示在地址栏下方。

图 2-62　查找 G 盘上所有扩展名为.txt 的文件

（2）操作步骤如下。

步骤 1：进入 F 盘。

步骤 2：在地址栏右侧的搜索框中输入"＊.jpg",在"搜索工具搜索"选项卡的"优化"组中单击"修改日期"按钮,在弹出的下拉列表中选择"上周"选项,如图 2-63 所示,系统便立即开始搜索,并将搜索结果显示于地址栏下方,如图 2-64 所示。

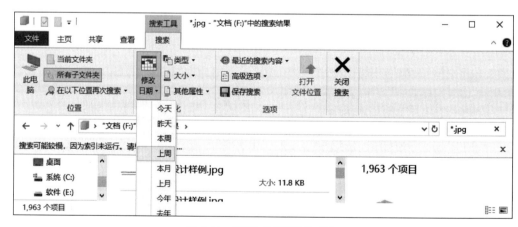

图 2-63　"修改日期"下拉列表

图 2-64　在 F 盘中的搜索结果

步骤 3：在中间窗格中选中所有项目，切换至"主页"选项卡的"组织"组中单击"移动到"按钮，在弹出的下拉列表中选择"选择位置"命令，在打开的"移动项目"对话框中找到并选中 G 盘下的 Jsj1 文件夹，然后单击"移动"按钮，如图 2-65 所示。

（3）操作步骤如下。

步骤 1：在桌面上双击"此电脑"图标打开"此电脑"窗口。

步骤 2：在"搜索"框中输入"＊.＊"，在"搜索工具搜索"选项卡的"优化"组中单击"大小"按钮，在弹出的下拉列表中选择"大（128MB～1GB）"选项，如图 2-66 所示，系统立即开始搜索，并将搜索结果显示于地址栏下方的工作区域中，中间窗格显示文件名，右窗格显示满足条件的文件个数，如图 2-67 所示。

图 2-65　"移动项目"对话框

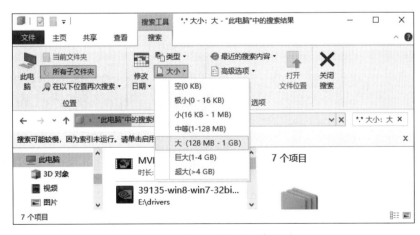

图 2-66　"大小"按钮的下拉列表

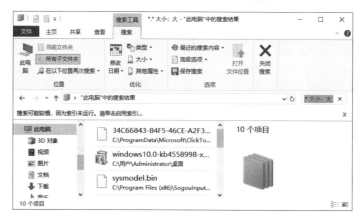

图 2-67 "此电脑"中的搜索结果

实验 2.4 Windows 10 系统功能扩展实验

【实验目的】

（1）理解操作系统的基本概念和 Windows 10 的新特性。

（2）学会操作虚拟桌面。

（3）学会设置全屏显示开始菜单。

实验项目 2.4.1 操作虚拟桌面

任务描述

（1）在屏幕上建立两个桌面。

（2）实现两桌面间窗口的移动。

操作提示

虚拟桌面又称多桌面。

（1）操作步骤如下。

步骤 1：单击 Windows 10 系统桌面中的任务栏上的"任务视图"按钮，如图 2-68 所示。

步骤 2：进入虚拟桌面操作界面，单击"新建桌面"按钮，如图 2-69 所示。

"新建桌面"按钮

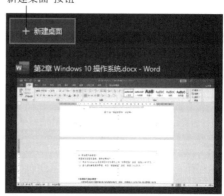

"任务视图"按钮

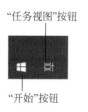

"开始"按钮

图 2-68 单击"任务视图"按钮　　　　图 2-69 单击"新建桌面"按钮

步骤 3：系统会将新桌面自动命名为"桌面 2"，如图 2-70 所示。

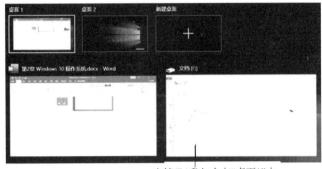

文档(F:)盘包含在"桌面1"中

图 2-70　新建一个命名为"桌面 2"的桌面

（2）操作步骤如下。

步骤 1：进入"桌面 1"操作界面，用鼠标右击一个窗口图标，如文档(F:)盘，在弹出的快捷菜单中选择"移动到"→"桌面 2"命令，如图 2-71 所示。

步骤 2：经过移动以后，文档(F:)盘已包含在"桌面 2"中，移动后的界面如图 2-72所示。

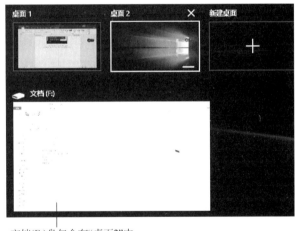

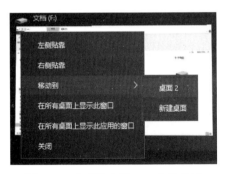

文档(F:)盘包含在"桌面2"中

图 2-71　实现将文档(F:)盘移动至
　　　　　"桌面 2"的操作

图 2-72　文档(F:)已包含在"桌面 2"中

实验项目 2.4.2　全屏显示"开始"菜单

任务描述

设置在桌面全屏显示"开始"菜单。

操作提示

步骤 1：右击桌面空白处，在弹出的快捷菜单中选择"个性化"命令，打开"设置"窗口，如图 2-73 所示。

实验
2

38

步骤 2：在"设置"窗口左侧列表中选择"开始"选项，在弹出的右侧"开始"界面中将"使用全屏'开始'屏幕"的开关图标设置为"开"，如图 2-74 所示。然后关闭"设置"窗口。

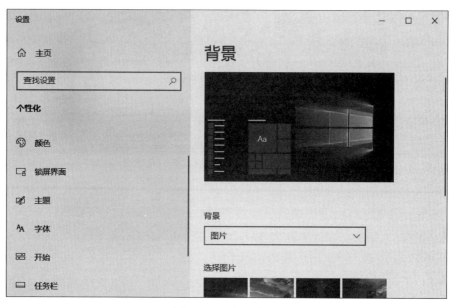

图 2-73　"设置"窗口

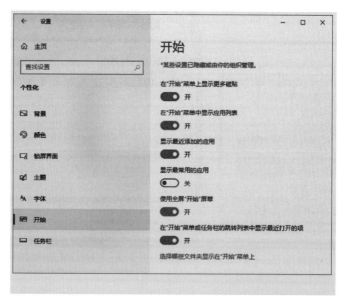

图 2-74　将"使用全屏'开始'屏幕"的开关图标设置为"开"

步骤 3：单击"开始"按钮，在弹出的"开始"菜单中选择"所有应用"命令，如图 2-75 所示，则实现全屏显示"开始"菜单，如图 2-76 所示。

步骤 4：若再次单击"开始"按钮，或单击任务栏中当前已经打开的任意一个窗口的最小化图标，则退出全屏显示"开始"菜单界面。

图 2-75 选择"所有应用"命令

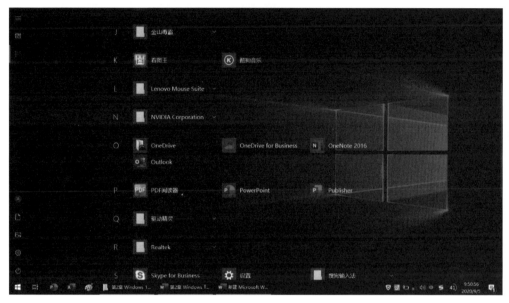

图 2-76 全屏显示"开始"菜单

实验 3 Word 2016 文字处理软件操作

实验 3.1 Word 文档的基本操作和排版

【实验目的】

(1) 掌握 Word 文档的建立、保存与打开。

(2) 掌握 Word 文档的基本编辑。

(3) 掌握 Word 文档的字符格式、段落格式和页面格式的设置。

(4) 掌握 Word 文档的修饰，如设置项目符号和编号、分栏和首字下沉等操作。

实验项目 3.1.1 制作自荐书

任务描述

进入"实验指导素材库\实验 3"下的"实验 3.1"文件夹，打开"自荐书_文字素材"文档，按如下要求设置后，以"自荐书"为文件名保存在"实验 3.1"文件夹中。设计样例如图 3-1 所示，也可打开"自荐书_样张"文档查看。

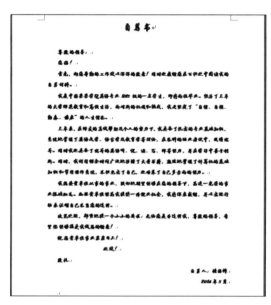

图 3-1 自荐书样例

（1）纸张 A4，上下左右页边距均为 2.8 厘米。

（2）标题为华文行楷、二号、加粗、居中，段后 1.5 行。

（3）正文和落款设置为华文行楷、小四号、加粗，左右各缩进 0.5 字符，首行缩进 2 字符，行距 25 磅。

（4）落款距正文 2 行，落款和日期右对齐。

操作提示

打开"自荐书_文字素材"文档。

（1）纸张、页边距设置。

步骤 1：在"布局"选项卡的"页面设置"组中，单击"页面设置"按钮打开"页面设置"对话框，将"页边距"的上、下、左、右均设置为 2.8 厘米，如图 3-2 所示。

步骤 2：切换至"纸张"选项卡，在"纸张大小"下拉列表框中选择 A4（也可不选，因为 A4 为默认选择），如图 3-3 所示。

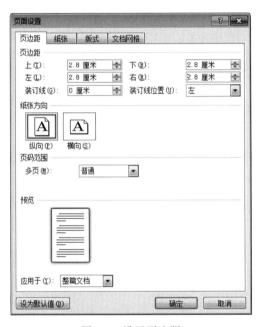

图 3-2　设置页边距

图 3-3　设置纸张

步骤 3：单击"确定"按钮关闭对话框。

（2）标题段设置。

步骤 1：选中标题文字，在"开始"选项卡的"字体"组中分别单击"字体""字号"和"加粗"按钮将文字设置为华文行楷、二号、加粗，如图 3-4 所示。

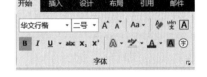

图 3-4　设置标题文字的字体字号

步骤 2：切换至"段落"组，单击"居中"按钮。

步骤 3：单击"段落"按钮打开"段落"对话框，设置"段后"间距为 1.5 行。单击"确定"按钮关闭对话框，如图 3-5 所示。

（3）正文、落款和日期的设置。

步骤 1：选中正文、落款和日期文字。在"开始"选项卡的"字体"组中单击"字体""字号"和"加粗"按钮，设置为华文行楷、小四号和加粗。

步骤 2：切换至"开始"选项卡的"段落"组，单击"段落"按钮打开"段落"对话框，切换至"缩进和间距"选项卡。在"缩进"栏，将"左侧""右侧"分别调整至 0.5 字符，在"特殊格式"下拉列表框中选择"首行缩进"2 字符；在"间距"栏的"行距"下拉列表框选择"固定值"，并将"设置值"调整为 25 磅。然后单击"确定"按钮关闭对话框，如图 3-6 所示。

图 3-5　设置标题的段后间距

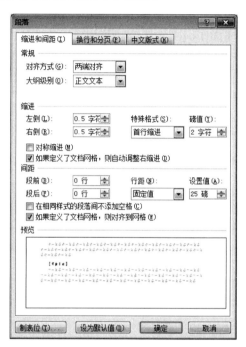

图 3-6　设置正文、落款和日期的缩进和行距

（4）落款和日期的设置。

步骤 1：选中落款，在"段落对话框"中将"段前"间距设置为 2 行。

步骤 2：选中落款和日期，在"开始"选项卡的"段落"组中单击"右对齐"按钮，使其右对齐。

步骤 3：全部操作完成后，单击"文件"选项卡，在弹出的 Backstage 视图中选择"另存为"命令，找到自己的保存位置，这里选中"实验 3.1"文件夹并双击，打开"另存为"对话框，在"文件名"文本框中输入：自荐书，在"保存类型"下拉列表框中选择"Word 文档"选项（也可不选保存类型）即可。

实验项目 3.1.2　制作简报

任务描述

进入"实验指导素材库\实验 3"下的"实验 3.1"文件夹，打开"简报_文字素材"文档，按如下要求设置后，以"简报"为文件名保存在"实验 3.1"文件夹中。简报样例如图 3-7 所示，也可打开"简报_样张"文档查看。

（1）页面设置：页边距：上、下各2.4厘米，左、右各2.8厘米，纸张：A4。

（2）标题设置为艺术字，选"第4行第2列"样式，一号字、华文行楷；文本效果选"转换-弯曲-正三角"；自动换行选"上下型环绕"；居中。

（3）正文和落款字体设置为楷体、小四号、加粗；段落首行缩进2字符，行距18磅；标题和正文间距2行，落款和日期设置为右对齐。

（4）正文第1段：首字下沉2行、隶书、距正文0.4厘米；正文第2段：分成等宽的三栏，加分隔线；正文第3、4段：加红色项目符◇。

（5）设置艺术型页面边框。

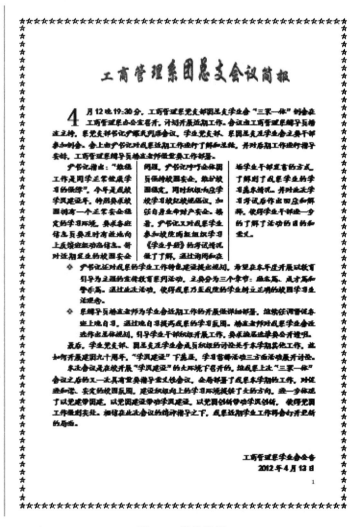

图3-7　简报样例

操作提示

打开"简报_文字素材"文档。

（1）页面设置。

步骤1：在"布局"选项卡的"页面设置"组中，单击"页面设置"按钮打开"页面设置"对话框,将"页边距"的上、下设置为 2.4 厘米,左、右设置为 2.8 厘米。

步骤 2:切换至"纸张"选项卡,在"纸张大小"下拉列表框中选择 A4。

步骤 3:单击"确定"按钮关闭对话框。

(2) 标题设置。

步骤 1:选中标题段文字,在"插入"选项卡的"文本"组中单击"艺术字"按钮,在弹出的下拉列表中选择第 1 行第 3 列样式,如图 3-8 所示。

步骤 2:切换至"开始"选项卡的"字体"组中分别单击"字体""字号"按钮设置艺术字为华文行楷、一号字。

步骤 3:选中艺术字,单击"绘图工具-格式"选项卡,在"排列"组中单击"文字环绕"按钮,在弹出的下拉列表中选择"上下型环绕"选项,如图 3-9 所示。

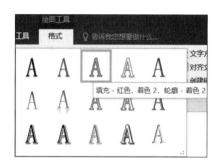

图 3-8　选择艺术字样式

图 3-9　设置上下型环绕

步骤 4:切换至"艺术字样式"组中,单击"文本效果"按钮,在弹出的下拉列表中选择"转换"→"弯曲"→"正三角"选项,如图 3-10 所示。

步骤 5:选中艺术字,将其拖曳至居中位置。

(3) 正文和落款的设置。

步骤 1:将光标定位在正文最前端,连按两次 Enter 键,使标题和正文间距两行。

步骤 2:选中正文和落款(包括日期)文字,在"开始"选项卡的"字体"组中分别单击"字体""字号"和"加粗"按钮设置为楷体、小四号和加粗。

步骤 3:确认选中正文和落款,切换至"开始"选项卡的"段落"组中单击"段落"按钮打开"段落"对话框,在"缩进和间距"选项卡下的"缩进"栏中单击"特殊格式"下拉按钮选择"首行缩进"2 字符,在"间距"栏中单击"行距"下拉按钮选择"固定值"选项,将其右边的"设置值"调整为 18 磅即可,如图 3-11 所示。

步骤 4:单击"确定"按钮关闭对话框。

步骤 5:选中落款和日期,在"开始"选项卡的"段落"组中单击"右对齐"按钮,使其右对齐。

(4) 正文第 1 段、第 2 段和第 3、4 段的设置。

步骤 1:选中正文第 1 段,在"插入"选项卡的"文本"组中单击"首字下沉"按钮,在弹出的下拉列表中选择"首字下沉选项"命令,打开"首字下沉"对话框,在"位置"栏单击"下沉"选项,在"选项"栏设置"字体"为隶书、"下沉行数"为 2,"距正文"为 0.4 厘米。然后单击"确定"按钮,关闭对话框,如图 3-12 所示。

步骤 2：选中正文第 2 段,在"布局"选项卡的"页面设置"组中单击"分栏"按钮,在弹出的下拉列表中选择"更多分栏"选项,打开"分栏"对话框;在"预设"栏选择"三栏"选项,选中"分隔线"复选框;然后单击"确定"按钮关闭对话框,如图 3-13 所示。

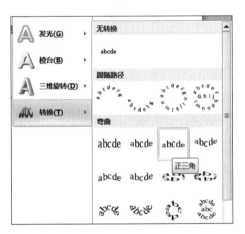

图 3-10　"文本效果"按钮的列表选项

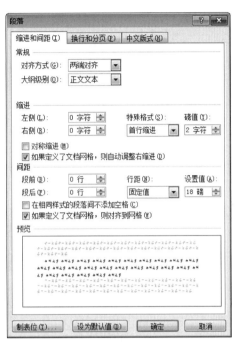

图 3-11　设置行距为固定值

图 3-12　首字下沉设置

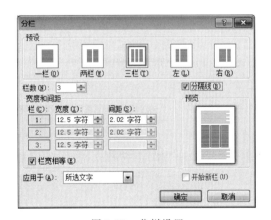

图 3-13　分栏设置

　　步骤 3：选中正文第 3、4 段,切换至"开始"选项卡的"段落"组,单击"项目符号"下三角按钮,弹出"项目符号"下拉列表,在有限的几个符号中单击选中所需符号,如图 3-14 所示。如果没有,则应选择"定义新项目符号"选项,打开"定义新项目符号"对话框,如图 3-15 所示。
　　步骤 4：在"定义新项目符号"对话框中单击"符号"按钮打开"符号"对话框,如图 3-16所示,从符号库中选择所需符号,单击"确定"按钮返回到"定义新项目符号"对话框;如果要设置符号的颜色则应在"定义新项目符号"对话框中单击"字体"按钮打开"字体"对话框,然后进行符号颜色等的设置，如图 3-17 所示。

图 3-14　"项目符号"下拉列表

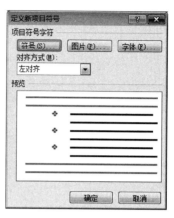

图 3-15　"定义新项目符号"对话框

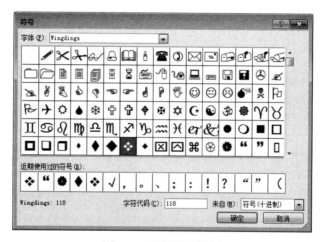

图 3-16　"符号"对话框

图 3-17　"字体"对话框

（5）设置艺术型页面边框。

步骤 1：光标定位于文档中的任何位置，在"设计"选项卡的"页面背景"组中单击"页面边框"按钮，打开"边框和底纹"对话框。

步骤 2：切换至"页面边框"选项卡，在"设置"栏选择"方框"选项，在"艺术型"下拉列表框中选择所需符号，在"应用于"下拉列表框中选择"整篇文档"选项，然后单击"确定"按钮关闭对话框，如图 3-18 所示。

步骤 3：全部操作完成后，以"简报"为文件名保存于自己的文件夹中。

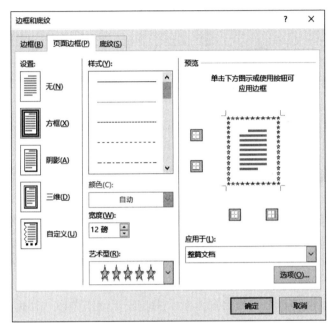

图 3-18 设置艺术型页面边框

实验项目 3.1.3 制作来访者登记文档

任务描述

进入"实验指导素材库\实验 3"下的"实验 3.1"文件夹，打开"来访者登记文档_文字素材"文档，按以下要求设置后将其以"来访者登记文档"为文件名保存到"实验 3.1"文件夹中。文档样例如图 3-19 所示，用户也可以打开"来访者登记文档_样张"文档查看。

1. 文档第 1 页设置要求

（1）标题：楷体、小一号、加粗、居中；加红色双波浪下画线；距正文 1 行。

（2）正文和落款：华为楷体、四号、加粗；行距 25 磅；落款距正文 2 行；落款和日期右对齐。

（3）为"来访人员需要……"至"装修施工人员……"之间的 7 段文字添加项目符号◆。

（4）设置正文的编号格式为"编号库"中的第 1 种。

（5）印章设置：绘制正圆，"形状填充"为无色，"形状轮廓"为红色，轮廓粗细 3 磅；艺术字样式为第 3 行第 5 列样式，华文楷体、四号；"文本效果"为"转换"→"跟随路径"→"上弯弧"。

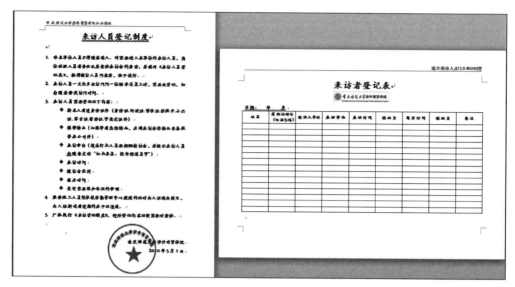

图 3-19　来访者登记文档样例

2. 文档第 2 页设置要求

（1）纸张横向。

（2）在第 1 行输入标题文字"来访者登记表"，设置为楷体、一号、加粗，居中；第 2 行插入校徽和称谓图片，设置为上下型环绕，居中放置；第 3 行输入"日期：年　月"，字体为楷体、四号、加粗并添加下画线，设置为左对齐。

（3）从第 4 行开始插入 9 列 15 行的表格，列宽设置为 2.78 厘米，固定列宽；首行的行高设置为 1.2 厘米，其他行的行高设置为 0.6 厘米。首行依次输入列标题，并设置为楷体、小四号、加粗，对齐方式为"水平居中"。所有表格框线设置为 1 磅黑色单实线。

3. 文档第 1、2 页分别插入不同的页眉

文档第 1、2 页分别插入页眉"重庆师范大学涉外商贸学院办公用纸"和"建立来访人员门卫登记制度"，字体为华文楷体、小四号、加粗，前者左对齐，后者右对齐。

操作提示

打开"来访者登记文档_文字素材"文档。

1）文档第 1 页设置要求

（1）标题设置。

步骤 1：选中标题文字，在"开始"选项卡的"字体"组中分别单击"字体"和"字号"按钮将文字设置为楷体、小一号，并单击"加粗"按钮设置字体加粗；在"开始"选项卡的"段落"组中单击"居中"按钮设置标题居中。

步骤 2：确认标题文字被选中，切换至"开始"选项卡的"字体"组中，单击"字体"按钮打开"字体"对话框，切换至"字体"选项卡，在"下画线线型"下拉列表框中选择双波浪下画线，在"下画线颜色"下拉列表框中选择红色。然后单击"确定"按钮关闭对话框，如图 3-20 所示。

步骤 3：确认标题文字被选中，切换至"开始"选项卡的"段落"组中，单击"段落"按钮打开"段落"对话框，切换至"缩进和间距"选项卡，在"间距"栏设置"段后"1 行，单击"确定"按钮关闭对话框,如图 3-21 所示。

图 3-20　设置红色双波浪下画线

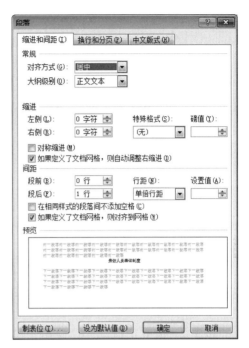

图 3-21　设置段后间距 1 行

（2）正文、落款和日期设置。

步骤 1：选中正文、落款和日期，在"开始"选项卡的"字体"组中单击"字体"和"字号"按钮选择华文楷体、四号，并单击"加粗"按钮设置字体加粗；在"段落"组中单击"段落"按钮，打开"段落"对话框，切换至"缩进和间距"选项卡，单击"间距"栏中的"行距"下拉按钮选择"固定值"选项，并将其右侧的设置值调整为 25 磅。

步骤 2：选中落款，将打开的"段落"对话框切换至"缩进和间距"选项卡，在"间距"栏中将"段前"调整为 2 行。

步骤 3：选中落款和日期，在"开始"选项卡的"段落"组中单击"右对齐"按钮，使其右对齐。

（3）添加项目符号◆。

步骤 1：选中"来访人员需要……"至"装修施工人员……"之间的 7 段文字。

步骤 2：在"开始"选项卡的"段落"组中单击"项目符号"下拉按钮，在弹出的下拉列表项中单击项目符号◆，如图 3-22 所示。

（4）设置正文中的编号格式为"编号库"中的第 1 种。

步骤 1：选中正文中编号为 1 的段落，即文档中第 1 段落，在"开始"选项卡的"段落"组中单击"编号"下拉按钮，从弹出的下拉列表中单击选中第 1 种编号格式，如图 3-23 所示。

步骤 2：删除文档中第 2 段的编号，用格式刷将第 1 段的编号格式复制到第 2 段。用此方法依次复制其他段的编号格式。

图 3-22　插入项目符号

图 3-23　设置编号格式

（5）印章设置。

步骤 1：在"插入"选项卡的"插图"组中单击"形状"下拉按钮，在弹出的下拉列表中的"基本形状"组单击"椭圆"按钮，如图 3-24 所示，此时鼠标指针变成＋号，按住 Shift 键在放置印章处拖移鼠标绘制出适当大小的正圆。

步骤 2：选中正圆，单击"绘图工具－格式"选项卡，显示"形状样式"等组，如图 3-25 所示。

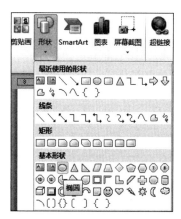

图 3-24　"形状"下拉列表

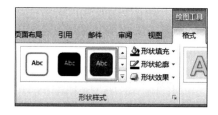

图 3-25　"形状样式"组

步骤 3：单击"形状填充"下拉按钮，在弹出的下拉列表中选择"无填充颜色"选项，如图 3-26 所示；单击"形状轮廓"下拉按钮，在弹出的下拉列表中分别选择标准色"红色"选项，轮廓"粗细"3 磅选项，如图 3-27 所示。

步骤 4：在"插入"选项卡的"文本"组中单击"艺术字"下拉按钮，在弹出的下拉列表中选择第 1 行第 3 列样式，如图 3-28 所示；切换至"开始"选项卡，在"字体"组中设置字体为华文楷体、四号，并在艺术字文本框中输入文字"重庆师范大学涉外商贸学院"；选中艺术字，单击"绘图工具-格式"选项卡，在显示的"艺术字样式"组中单击"文本效果"下拉按钮，在弹出的下拉列表中选择"转换"→"跟随路径"中的"上弯弧"，如图 3-29 所示；然后调整艺术字为

适当大小,并调整其形状弯曲度,将其拖移至正圆中。并为艺术字设置一种"文本效果":
"发光"→"发光变体"→"橄榄色,18pt 发光,个性色 3"。在印章内画一五角星,填充红色。

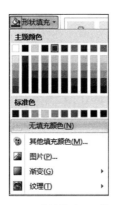

图 3-26 "形状填充"下拉列表

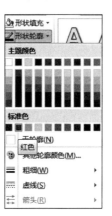

图 3-27 "形状轮廓"下拉列表

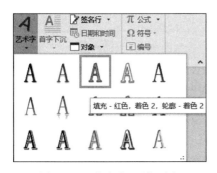

图 3-28 "艺术字"下拉列表

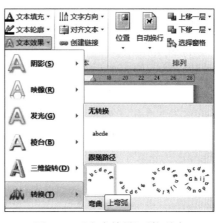

图 3-29 "文本效果"下拉列表

2)文档第 2 页设置要求

(1)纸张横向。

步骤 1:光标定位于第 1 页最后位置。在"布局"选项卡的"页面设置"组中单击"分隔符"下拉按钮,在弹出的下拉列表中选择"分页符"选项,如图 3-30 所示,则新起一页。

步骤 2:在"布局"选项卡的"页面设置"组中单击"页面设置"按钮,在打开的"页面设置"对话框中,切换至"页边距"选项卡的"纸张方向"栏选择"横向"选项,在"应用于"下拉列表框中选择"插入点之后"选项,然后单击"确定"按钮,如图 3-31 所示。

(2)第 1 行至第 3 行的设置。

步骤 1:第 1 行输入标题文字:"来访者登记表";选中标题文字,在"开始"选项卡的"字体"组中分别单击"字体"和"字号"按钮选择"楷体"和"一号"选项,然后单击"加粗"按钮设置字体加粗;在"段落"组中,单击"居中"按钮使标题居中。

步骤 2:按 Enter 键,将光标定位于第 2 行,在"插入"选项卡的"插图"组中单击"图片"按钮,打开"插入图片"对话框,按照存放路径选择"实验指导素材库\实验 3"下的"实验 3.1"

文件夹,选择"校徽和称谓"图片,单击"插入"按钮插入所需图片,如图 3-32 所示;选中图片,单击"图片工具-格式"选项卡,在显示的"排列"组中单击"环绕文字"按钮,在弹出的下拉列表中选择"上下型环绕",如图 3-33 所示。

图 3-30 "分隔符"下拉列表

图 3-31 设置文档第 2 页的纸张方向为横向

图 3-32 "插入图片"对话框

图 3-33 "环绕文字"
下拉列表

步骤 3:光标定位于第 3 行,输入文字"日期:年　月",并在"开始"选项卡的"字体"组中设置字体为楷体、四号,然后单击"下画线"按钮添加下画线;在"段落"组中单击"文本左对齐"按钮,使其左对齐。

(3) 从第 4 行开始插入 9 列 15 行的表格并进行表格属性设置。

步骤 1：按 Enter 键,将光标定位于第 4 行的行首；在"插入"选项卡的"表格"组中单击"表格"下拉按钮,在弹出的下拉列表中选择"插入表格"选项,如图 3-34 所示；在打开的"插入表格"对话框中将列数调整为 9,行数调整为 15,选中"固定列宽"单选按钮(此项为默认选择),单击"确定"按钮,如图 3-35 所示。

图 3-34　"表格"下拉列表　　　　图 3-35　"插入表格"对话框

步骤 2：选中整个表格,单击"表格工具-布局"选项卡,在"表"组中单击"属性"按钮,将打开的"表格属性"对话框切换至"行"选项卡,在"行"的"尺寸"栏中勾选"指定高度"复选框,并将"行高值是"设为"固定值",将"指定高度"值设置为 0.6 厘米,如图 3-36 所示；选中表格的第 1 行,在"表格工具-布局"选项卡的"单元格大小"组中将"高度"调整为 1.2 厘米；在表格第 1 行依次输入列标题,并在"开始"选项卡的"字体"组中设置字体为楷体、小四号和加粗；选中表格第 1 行中的全部单元格,单击"表格工具-布局"选项卡,在显示的"对齐方式"组中单击"水平居中"按钮,如图 3-37 所示。

图 3-36　设置表格行高　　　　图 3-37　设置单元格内容水平居中

3）文档第1、2页分别插入不同的页眉

步骤1：将光标定位于文档中的第1页任意位置，在"插入"选项卡的"页眉和页脚"组中单击"页眉"按钮，在弹出的下拉列表中选择"编辑页眉"选项，如图 3-38 所示；此时光标出现在第 1 页页眉编辑位置并弹出"页眉和页脚工具-设计"选项卡，在"选项"组中勾选"奇偶页不同"复选框，如图 3-39 所示。

图 3-38　"页眉"下拉列表

图 3-39　"选项"组

步骤2：在第 1 页光标当前所在位置输入"重庆师范大学涉外商贸学院办公用纸"，并选中该文字，在"开始"选项卡的"字体"组中单击"字体"和"字号"按钮设置字体为华文楷体、小四号，然后单击"加粗"按钮设置为加粗；在"段落"组中单击"文本左对齐"按钮。

步骤3：在"页眉和页脚工具-设计"选项卡的"导航"组中单击"下一节"按钮，光标跳至第 2 页的页眉编辑处，输入"建立来访人员门卫登记制度"，并将该文字字体设置为华文楷体、小四号、加粗；在"段落"组中，单击"文本右对齐"按钮。

步骤4：全部操作完成后，将文件以文件名"来访者登记文档"保存在自己的文件夹中。

实验 3.2　表格制作与数据计算

【实验目的】

（1）熟练掌握表格的创建、编辑与格式设置。

（2）学会设置表格边框和底纹，以及折分和合并单元格。

（3）学会绘制斜线表头、设置表格属性。

（4）掌握表格中数据的计算与排序。

实验项目 3.2.1　制作请假条

任务描述

启动 Word 2016，在 A4 纸上绘制请假条，按以下要求设置后将其以"请假条"为文件名保存到自己的文件夹中。请假条样例如图 3-40 所示，用户也可以进入"实验指导素材库\实验3"下的"实验3.2"文件夹打开"请假条(样张)"文档查看。

(1) 将首行的标题文字"请假条"设置为楷体、一号、加粗，居中。

(2) 将第2行的文字"填写时间：年　月　日"设置为楷体、五号、加粗，文本右对齐。

(3) 表格第3行行高1.3厘米，文字为靠上两端对齐，其他行的行高为0.9厘米，文字为中部两端对齐；表格中的栏目名称及表格下方的备注文字格式均为楷体、五号、加粗。表格中的栏目内容文字格式均为楷体、五号、常规。

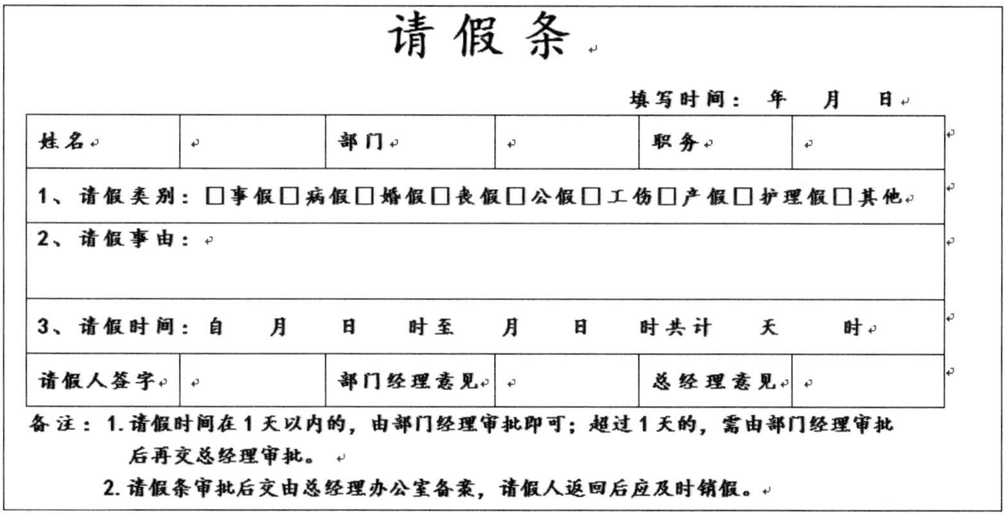

请假条

填写时间：年　月　日

姓名		部门		职务	
1、请假类别：□事假□病假□婚假□丧假□公假□工伤□产假□护理假□其他					
2、请假事由：					
3、请假时间：自　月　日　时至　月　日　时共计　天　时					
请假人签字		部门经理意见		总经理意见	

备注：1.请假时间在1天以内的，由部门经理审批即可；超过1天的，需由部门经理审批后再交总经理审批。

2.请假条审批后交由总经理办公室备案，请假人返回后应及时销假。

图3-40　请假条样例

操作提示

启动 Word 2016。

(1) 输入并设置标题文字。

步骤1：输入标题文字："请假条"，然后选中该文字，在"开始"选项卡的"字体"组中分别单击"字体"和"字号"按钮将其设置为楷体、一号，并单击"加粗"按钮设置为加粗。

步骤2：在"段落"组中单击"居中"按钮使其居中。

(2) 输入并设置第2行文字。

步骤1：按Enter键，输入文字"填写时间：年　月　日"，并选中该文字，在"开始"选项卡的"字体"组中单击"字号"按钮设置为五号。

步骤2：在"段落"组中单击"文本右对齐"按钮使其右对齐。

(3) 制作表格、输入文字，以及表格、文字的编辑和格式设置。

步骤1：按Enter键，在"开始"选项卡的"段落"组中单击"文本左对齐"按钮，将光标调至第3行居左位置。

步骤2：在"插入"选项卡的"表格"组中单击"表格"按钮，在弹出的下拉列表中拖动鼠标建立6列5行的规则表格，如图3-41和图3-42所示。

步骤3：分别选中表格的第2、3、4行的全部单元格，在"表格工具-布局"选项卡的"合并"组中单击"合并单元格"按钮，使其分别合并为1个单元格，如图3-43和图3-44所示。

图 3-41　用拖动法建立表格

图 3-42　建立 6 列 5 行的表格

图 3-43　"合并单元格"按钮

图 3-44　合并单元格后的效果图

图 3-45　设置单元格行高

步骤 4：选中整个表格，在"表格工具-布局"选项卡的"单元格大小"组中，单击"高度"微调按钮，将行高设置为 0.9 厘米，如图 3-45 所示；选中表格第 3 行，用同样的方法将其行高设置为 1.3 厘米。

步骤 5：按请假条样例在表格中依次输入栏目名称和表格下方的备注文字，并将其设置为楷体、五号、加粗；栏目内容文字格式设置为楷体、五号、常规。

步骤 6：选中整个表格，在"表格工具-布局"选项卡的"对齐方式"组中单击"中部两端对齐"按钮使文字在单元格中居中两端对齐；选中表格第 3 行，单击"靠上两端对齐"按钮，使文字在单元格中靠上两端对齐，如图 3-46 和图 3-47 所示。

（4）文档保存。

确认全部操作完成后，单击"文件"选项卡，在打开的 Backstage 视图中选择"另存为"选项，找到自己要保存的文件夹并双击，在打开的"另存为"对话框中的"文件名"文本框中输入文件名"请假条"，在"保存类型"下拉列表框中选择"Word 文档"，然后单击"保存"按钮。

图 3-46　设置单元格中的文字中部两端对齐

图 3-47　设置单元格中的文字靠上两端对齐

实验项目 3.2.2　表格中的数据计算与排序

任务描述

进入"实验指导素材库\实验 3"下的"实验 3.2"文件夹打开"A 班 1 组学生成绩统计_文字素材"文档,将后 10 行文字转换成 7 列 10 行的表格,按以下要求设置后将其以"A 班 1 组学生成绩统计"为文件名保存在自己的文件夹中。设计样例如图 3-48 所示,用户也可以打开"A 班 1 组学生成绩统计(样张)"文档查看。

学号	姓名	语文	数学	英语	物理	总成绩
2010014	韩　青	80	98	78	67	323
2010011	王兰兰	87	89	85	76	337
2010019	张　丽	79	85	88	80	332
2010012	张　雨	57	78	79	46	260
2010015	郑　奥	74	78	83	92	327
2010013	夏林虎	92	68	98	70	328
2010016	程雪兰	85	68	95	55	303
2010018	刘华清	91	68	90	85	334
2010017	王　瑞	95	52	87	87	321
平均分		82.22	76	87	73.11	318.33

表头：A 班 1 组学生成绩统计

图 3-48　设计样例

(1)将标题段文字"A 班 1 组学生成绩统计"设置为华文楷体、三号、加粗和红色字体;居中显示。

(2)将后 10 行文字转换成 7 列 10 行的表格;删除性别列;在表格右侧插入 1 列,输入列标题"总成绩";在表格下方插入 1 行,合并该行左侧的两个单元格并输入"平均分"。

(3)表格行高设置为 0.7 厘米,列宽设置为 2.2 厘米;表格中的所有文字为楷体、小四号、加粗,水平居中。

(4)计算每个学生的总成置于 G2:G10 单元格区域;计算单科和总成绩的平均分置于 C11:G11 单元格区域。

(5)将成绩表中数学成绩由高分到低分排序,若数学成绩相同则按学号升序排序。

(6)设置表格样式为"网络表"中的第 4 行第 3 列,即"网络表-着色 2"样式。

操作提示

打开"A 班 1 组学生成绩统计_文字素材"文档。

57

实验

3

（1）设置标题文字。

步骤 1：选中标题段文字。

步骤 2：在"开始"选项卡的"字体"组中将其字体设置为楷体、三号、加粗。然后在"段落"组中单击"居中"按钮。

（2）将文本转换成表格，以及删除、插入列/行的设置。

步骤 1：选中文档的后 10 行文字，在"插入"选项卡的"表格"组中单击"表格"下拉按钮，在弹出的下拉列表中选择"将文本转换成表格"选项，打开"将文字转换成表格"对话框，单击"确定"按钮，如图 3-49 和图 3-50 所示。

图 3-49 "表格"下拉列表   图 3-50 "将文字转换成表格"对话框

步骤 2：选中"性别"列，在"表格工具-布局"选项卡的"行和列"组中单击"删除"按钮，在弹出的下拉列表中选择"删除列"选项，如图 3-51 所示。

步骤 3：选中"物理"列，在"表格工具-布局"选项卡的"行和列"组中单击"在右侧插入列"按钮，如图 3-52 所示，然后输入列标题"总成绩"。

图 3-51 删除列   图 3-52 在右侧插入列

步骤 4：将光标定位于最后一行的右侧，按 Enter 键插入一新行，然后选中该行左边两个单元格，在"表格工具-布局"选项卡的"合并"组中单击"合并单元格"按钮，如图 3-53 所示，并在合并后的单元格中输入"平均分"。

（3）设置行高、列宽、字体及表格中的文字对齐方式。

步骤 1：选中整个表格，在"表格工具-布局"选项卡的"表"组中单击"属性"按钮打开"表格属性"对话框，切换至"行"选项卡，选中"指定高度"复选框，将右侧的"行高值是"选择为

"固定值"并将行高调整为 0.7 厘米,如图 3-54 所示;切换至"列"选项卡,将列宽调整为 2.2 厘米。

图 3-53　合并单元格　　　　　　　　图 3-54　"表格属性"对话框

步骤 2：选中整个表格,在"开始"选项卡的"字体"组中将其设置为楷体、小四号、加粗;切换至"表格工具-布局"选项卡,在"对齐方式"组中单击"水平居中"按钮,如图 3-55 所示。

（4）计算总成绩和平均分。

步骤 1：选中 G10 单元格,在"表格工具-布局"选项卡的"数据"组中单击"公式"按钮,如图 3-56 所示。

步骤 2：在打开的"公式"对话框的"粘贴函数"下拉列表框中选择所需函数,在"公式"文本框中输入公式＝SUM(LEFT),单击"确定"按钮,如图 3-57 所示。然后按照此方法计算出其他学生的总成绩。

图 3-55　设置对齐方式

图 3-56　"数据"组　　　　　　　　　图 3-57　计算总成绩

步骤 3：选中 C11 单元格,在打开的"公式"对话框中的"粘贴函数"下拉列表框中选择 AVERAGE 函数,在"公式"文本框中输入公式"＝AVERAGE(above)",单击"确定"按钮,如图 3-58 所示。然后按照此方法计算出其他科的单科平均分和总分的平均分。

（5）表格中的成绩排序。

步骤 1：选中表格第 2 行至第 10 行的全部数据,在"表格工具-布局"选项卡的"数据"组中单击"排序"按钮,如图 3-59 所示。

图 3-58　计算平均分

图 3-59　单击"排序"按钮

步骤 2：在打开的"排序"对话框中，"主要关键字"选择"列 4"，"次要关键字"选择"列 1"，"类型"均选择"数字"，前者选择"降序"单选按钮，后者则选择"升序"单选按钮，然后单击"确定"按钮，如图 3-60 所示。排序前后的效果如图 3-61 和图 3-62 所示。

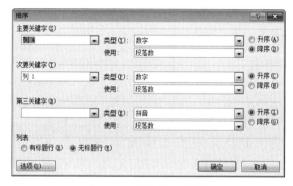

图 3-60　"排序"对话框

A班 1 组学生成绩统计

学号	姓名	语文	数学	英语	物理	总成绩
2010011	王兰兰	87	89	85	76	337
2010012	张 雨	57	78	79	46	260
2010013	夏林虎	92	68	98	70	328
2010014	韩 青	80	98	78	67	323
2010015	郑 爽	74	78	83	92	327
2010016	程雪兰	85	68	95	55	303
2010017	王 瑞	95	52	87	87	321
2010018	刘华清	91	68	90	85	334
2010019	张 丽	79	85	88	80	332
平均分		82.22	76	87	73.11	318.33

图 3-61　排序前的效果

A班 1 组学生成绩统计

学号	姓名	语文	数学	英语	物理	总成绩
2010014	韩 青	80	98	78	67	323
2010011	王兰兰	87	89	85	76	337
2010019	张 丽	79	85	88	80	332
2010012	张 雨	57	78	79	46	260
2010015	郑 爽	74	78	83	92	327
2010013	夏林虎	92	68	98	70	328
2010016	程雪兰	85	68	95	55	303
2010018	刘华清	91	68	90	85	334
2010017	王 瑞	95	52	87	87	321
平均分		82.22	76	87	73.11	318.33

图 3-62　排序后的效果

（6）设置表格样式。

步骤 1：选中整个表格。

步骤 2：在"表格工具-设计"选项卡的"表格样式"组中单击"其他"按钮，在弹出的下拉列表中选择"网络表"中的第 4 行第 3 列"网络表 4-着色 2"样式，如图 3-63 所示。

（7）保存文档。

确认全部操作完成后，将文档以"A 班 1 组学生成绩统计"为文件名保存在自己的文件夹中。

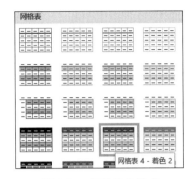

图 3-63　设置表格样式

实验项目 3.2.3　制作课表

任务描述

参照图 3-64 所示课表样例制作课表，用户也可以进入"实验指导素材库\实验 3"下的"实验 3.2"文件夹打开"课表（样张）"文档查看，最后以"课表"为文件名保存于自己的文件夹中。

操作提示

分析：图 3-64 所示课程表是一个不规则表格，可先建立一个 7×7 的规则表格，然后进行表格的编辑、单元格的合并和折分、表格的格式化等一系列操作，使其变成一个课程表。

（1）新建一个 Word 文档，建立一个 7×7 的规则表格。

步骤 1：启动 Word 2016。

步骤 2：将光标定位到需要添加表格处，切换至"插入"选项卡。

步骤 3：单击"表格"组中的"表格"按钮，在弹出的下拉列表中按下鼠标左键拖动，待行、列数满足要求时释放鼠标左键，即在光标定位处插入了一个 7 行 7 列的空白表格，如图 3-65 所示。

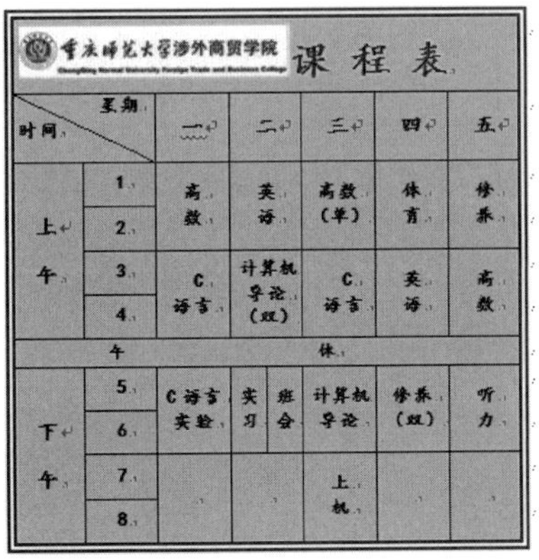

图 3-64　课表样例

图 3-65　使用拖动法建立表格

（2）表格的编辑和格式化。

步骤 1：选中整个表格，在"表格工具-布局"选项卡的"单元格大小"组中将行高、列宽分别调整为 1.5 厘米、1.7 厘米，如图 3-66 所示。

Word 2016 文字处理软件操作

步骤 2：选中表格第 1 行 7 个单元格，切换至"表格工具-布局"选项卡的"合并"组中单击"合并单元格"按钮，如图 3-67 所示。然后插入校徽和称谓图片，输入"课程表"，并设置字体为楷体、深红色、一号、加粗，调整字符间距。

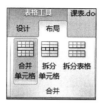

图 3-66　设置行高列宽　　　　　　　　　图 3-67　合并单元格

步骤 3：合并第 2 行的前 2 个单元格；切换至"表格工具-设计"选项卡，在"表格样式"组中单击"边框"下拉按钮，在弹出的下拉列表中选择"斜下框线"插入斜线表头，如图 3-68 所示，同时输入列标题星期、时间，设置为楷体、小四、加粗；在该行的后 5 个单元格分别输入一、二、三、四、五，设置为楷体、四号、加粗；分别合并第 3、4 两行及第 6、7 两行第 1 列的两个单元格，合并第 5 行的 7 个单元格，并适当调整行高和列宽，同时输入"上午""下午""午休"文字，字体为楷体，加粗，"上午""下午"文字为四号字，"午休"文字为五号字，如图 3-69所示。

图 3-68　插入斜线表头　　　　　　　图 3-69　合并单元格和输入文字后的效果

步骤 4：分别选中第 3、4、6、7 行的第 2 列共 4 个单元格，切换至"表格工具-布局"选项卡，在"合并"组中单击"拆分单元格"按钮，打开"拆分单元格"对话框，将"行数"微调框调整为 1，将"列数"微调框调整为 2，单击"确定"按钮，则将 4 个单元格拆分为 8 个单元格，如图 3-70 和图 3-71 所示。并分别输入 1、2、3、4、5、6、7、8，对其他单元格按照课表样例输入相应文字，字体均设置为楷体、小四号、加粗。

步骤 5：分别选中除斜线表头单元格外的其他单元格，切换至"表格工具-布局"选项卡，在"对齐方式"组中单击"水平对齐"按钮，如图 3-72 所示。

步骤 6：选中整个表格，切换至"表格工具-设计"选项卡的"绘图边框"组中，单击"笔样式"下拉按钮，在弹出的下拉列表中选择双实线，单击"笔画粗细"按钮，在弹出的下拉列表中选择 2.25 磅，"笔颜色"选择深红色，如图 3-73 所示；切换至"表格工具-设计"选项卡的"表

格样式"组中,单击"边框"下拉按钮,在弹出的下拉列表中选择"外侧框线"选项,如图 3-74
和图 3-75 所示。按此方法绘制 1.5 磅蓝色单实线的内框线。

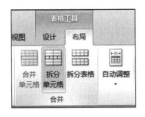

图 3-70 "合并"组

图 3-71 "拆分单元格"对话框

图 3-72 "对齐方式"组

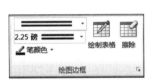

图 3-73 "绘图边框"组

图 3-74 "表格样式"组

图 3-75 "边框"下拉列表

步骤 7:选中整个表格,切换至"表格工具-设计"选项卡的"表格样式"组中,单击"底纹"
下拉按钮,在弹出的下拉列表中选择"其他颜色"选项,打开"颜色"对话框,切换至"标准"选
项卡,选择一种浅绿色,如图 3-76 和图 3-77 所示。

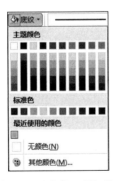

图 3-76 "底纹"下拉列表

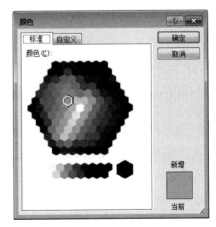

图 3-77 "颜色"对话框

(3)文档的保存。
确认全部操作完成后,将文档以"课表"为文件名保存在自己的文件夹中。

※实验 3.3　Word 文档的高级排版

【实验目的】

（1）掌握设置字符格式和段落格式，应用文档样式和主题，调整页面布局等排版操作。

（2）学会利用邮件合并功能批量制作和处理文档。

（3）掌握多窗口和多文档的编辑以及文档视图的使用。

（4）学会分析图文素材，并根据需求提取相关信息引用到 Word 文档中。

实验项目 3.3.1　制作海报

任务描述

某高校为了使学生更好地进行职场定位和职业准备，提高就业能力，该校学工处拟于2013 年 4 月 29 日(星期五)19:30—21:30 在校国际会议中心举办题为"领慧讲堂—大学生人生规划"就业讲座，特别邀请资深媒体人、著名艺术评论家赵蕈先生担任演讲嘉宾。

请根据上述活动的描述，参考图 3-78 所示海报样例，利用 Word 2016 制作一份宣传海报，也可以打开"实验指导素材库\实验 3"下的"实验 3.3"文件夹中的"海报_样张"文档查看，制作海报所需素材均保存在"实验 3.3"文件夹中，海报制作完毕后以"海报"为文件名保存到自己的文件夹中。要求如下。

（1）进入"实验 3.3"文件夹，打开"海报_文字素材"文档，调整文档版面，页面高度为 35厘米，页面宽度 27 厘米，页边距上、下为 5 厘米，左、右为 3 厘米，并将"实验 3.3"文件夹下的图片"海报背景_图片"设置为海报背景。

（2）标题的设置：字体、字号和颜色分别设置为"华文琥珀""初号"和"红色"，并"居中"显示，段后 2 行。

（3）正文和落款的设置：将"欢迎大家踊跃参加！"文字的字体设置为"华文行楷""初号""白色，背景 1"并"居中"显示，段前、段后间距为 1.5 行。其他文字的字体为"宋体""二号"，字体颜色为"深蓝"和"白色，背景 1"；将"报告题目……报告地点："5 段文字的"行距"设置为"单倍行距"，"首行缩进"设置为"3.5 字符"，将"主办：校学工处"设置为右对齐。

（4）在"主办：校学工处"位置后另起一页，并设置第 2 页的纸张大小为 A4，纸张方向为"横向"，页边距：上、下、左、右均为 2.5 厘米，并选择"普通"页边距定义。

（5）第 2 页的标题文字设置为宋体、三号、加粗、红色字体，居中显示；"日程安排:""报名流程:"和"报名人介绍:"文字为宋体、四号、加粗；"报名人介绍"下面的文字为宋体、小四号字。

（6）在"日程安排"段落下面复制本次活动的日程安排表(请参考"活动日程安排"Excel文件)，要求表格内容引用 Excel 文件中的内容，如果 Excel 文件中的内容发生变化，Word文档中的日程安排信息随之发生变化。

（7）在"报名流程"段落下面，利用 SmartArt 制作本次活动的报名流程(学工处报名、确认座席、领取资料、领取门票)。

（8）设置"报告人介绍"段落下面的文字排版布局，参考样例文件中所示的样式。

（9）更换报告人照片为"实验 3.3"文件夹下的 Pic 2.jpg 照片，将该照片调整到适当位置，注意不要遮挡文档中的文字内容。并设置"柔化"为50%,"亮度和对比度"为−20%、+40%。

图 3-78　"海报"样例

操作提示

进入"实验 3.3"文件夹打开"海报_文字素材"文档。

(1) 设置文档版面和背景。

步骤 1：在"布局"选项卡的"页面设置"组中单击"页面设置"按钮,在打开的"页面设置"对话框的"页边距"选项卡中设置上、下为 5 厘米,左、右为 3 厘米;切换至"纸张"选项卡,"纸张大小"选择"自定义大小",宽度为 27 厘米,高度为 35 厘米,然后单击"确定"按钮,如图 3-79 和图 3-80 所示。

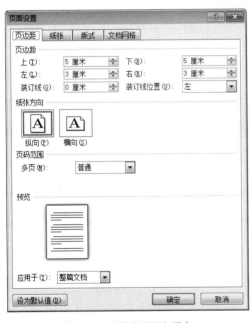

图 3-79　"页边距"选项卡

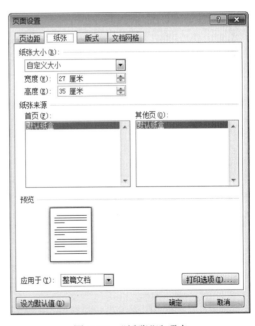

图 3-80　"纸张"选项卡

步骤 2：在"设计"选项卡的"页面背景"组中单击"页面颜色"按钮,在弹出的下拉列表中选择"填充效果"选项打开"填充效果"对话框,切换至"图片"选项卡,如图 3-81 和图 3-82 所示。

Word 2016 文字处理软件操作

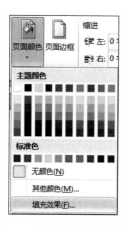

图 3-81　"页面颜色"下拉列表

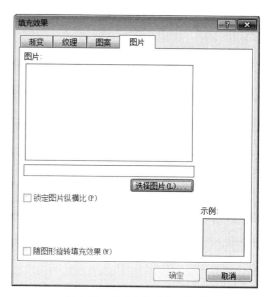

图 3-82　"填充效果"对话框

步骤 3：单击"选择图片"按钮，打开"选择图片"对话框，如图 3-83 所示。按图片的存放路径选择所需图片后单击"插入"按钮，返回到"填充效果"对话框，再单击"确定"按钮，即可插入图片背景。

图 3-83　"选择图片"对话框

（2）标题的设置。

步骤 1：选中标题文字，切换至"开始"选项卡的"字体"组中，单击"字体""字号"和"字体颜色"下拉按钮设置为华文琥珀、初号、红色。

步骤 2：切换至"开始"选项卡的"段落"组中单击"段落设置"按钮，在打开的"段落设置"对话框中的"缩进和间距"选项卡下将"对齐方式"设置为"居中"，将"间距"中的"段后"设置为 2 行，如图 3-84 所示，单击"确定"按钮。

（3）正文和落款的设置。

步骤 1：选中"欢迎大家踊跃参加！"文字，在"开始"选项卡的"字体"组中单击"字体""字号"和"字体颜色"下拉按钮将其设置为"华文行楷""初号""白色 背景 1"。

步骤 2：切换至"开始"选项卡的"段落"组中单击"段落设置"按钮，在打开的"段落设置"对话框中的"缩进和间距"选项卡下将"对齐方式"设置为"居中"，将"间距"中的"段前"和"段后"均设置为 1.5 行，如图 3-85 所示，单击"确定"按钮。

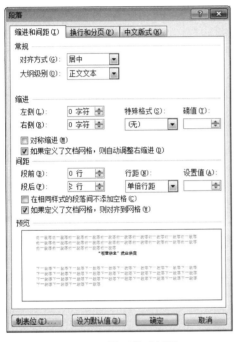

图 3-84　设置段后间距

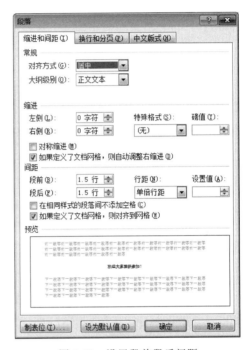

图 3-85　设置段前段后间距

步骤 3：在"报告人："后输入"赵覃"名字。

步骤 4：选中正文和落款的文字，切换至"开始"选项卡的"字体"组中将字体设置为宋体、二号，将字体颜色设置为"深蓝"和"白色，背景 1"两种颜色，如样例所示；选中"报告题目……报告地点："5 段文字，切换至"开始"选项卡的"段落"组中单击"段落设置"按钮，在打开的"段落设置"对话框中的"缩进和间距"选项卡下设置"行距"为"单倍行距"，"首行缩进"为"3.5 字符"，如图 3-86 所示。

步骤 5：选中落款文字，切换至"开始"选项卡的"段落"组中单击"文本右对齐"按钮。

（4）在"主办：校学工处"位置后另起一页，并设置第 2 页的版面。

步骤 1：将光标定位于"校学工处"文字之后，在"布局"选项卡的"页面设置"组中单击"分隔符"按钮，在弹出的下拉列表中选择"分节符"的"下一页"选项即新起一页，如图 3-87 所示。

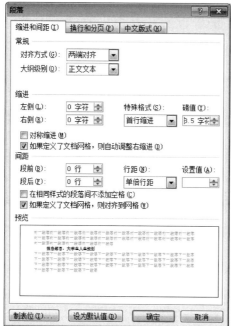

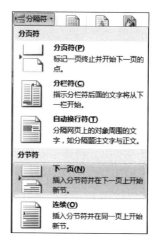

图 3-86　设置段落的缩进　　　　　　　　　　　　图 3-87　分页

　　步骤 2：选中第 2 页，在"布局"选项卡的"页面设置"组中单击"页面设置"按钮，打开"页面设置"对话框，在"页边距"选项卡下将上、下、左、右均设置为 2.5 厘米，将"纸张方向"设置为横向，"普通"页边距定义，在应用于下拉列表框中选择"本节"选项，如图 3-88 所示；切换至"纸张"选项卡，"纸张大小"选择 A4，单击"确定"按钮。

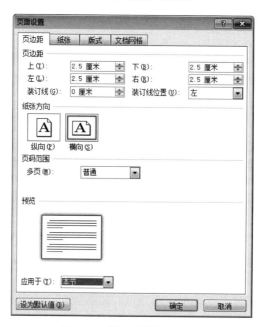

图 3-88　第 2 页的版面设置

(5) 第 2 页的文字格式设置。

步骤 1：选中标题文字，在“开始”选项卡的“字体”组中将其设置为宋体、三号、加粗、红色字体；切换至“开始”选项卡的“段落”组中单击“居中”按钮

步骤 2：选中“日程安排：”“报名流程：”和“报名人介绍：”文字，在“开始”选项卡的“字体”组中将其设置为宋体、四号、加粗。

步骤 3：选中“报名人介绍：”下面的文字，在“开始”选项卡的“字体”组中将其设置为宋体、小四号字。

(6) 在“日程安排：”段落下面复制本次活动的日程安排表。

步骤 1：打开 Excel 文档“活动日程安排”，选中表格中出除标题行以外的所有数据并单击“复制”按钮，如图 3-89 所示。

步骤 2：切换到当前文档，光标定位于“日程安排：”段落下面；在“开始”选项卡的“剪贴板”组中单击“粘贴”的下三角按钮，从其下拉列表中选择“选择性粘贴”命令，打开“选择性粘贴”对话框，选中“粘贴链接”单选按钮，在“形式”下拉列表框中选择“Microsoft Excel 工作表对象”，如图 3-90 所示，单击“确定”按钮。若更改“活动日程安排”文档中单元格的内容，则 Word 文档中的信息会同步更新。

“领慧讲堂”就业讲座之大学生人生规划 日程安排

时间	主题	报告人
18:30 - 19:00	签到	
19:00 - 19:20	大学生职场定位和职业准备	王老师
19:20 - 21:10	大学生人生规划	特约专家
21:10 - 21:30	现场提问	王老师

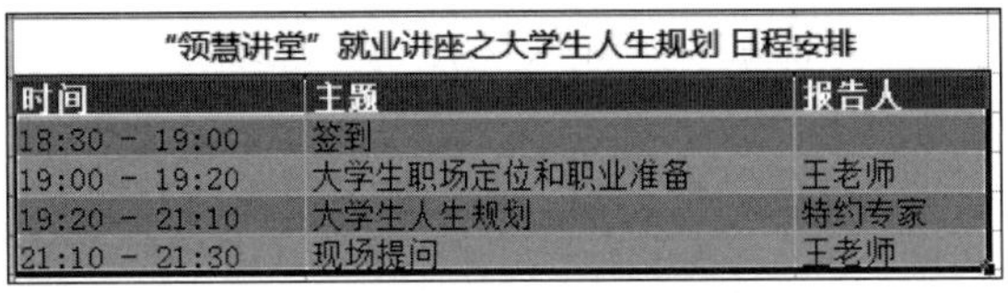

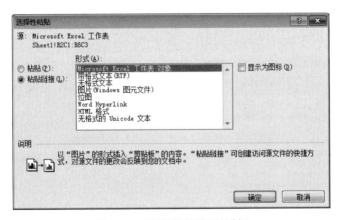

图 3-89 复制 Excel 工作表中的数据

图 3-90 “选择性粘贴”对话框

(7) 制作报名流程。

步骤 1：将光标置于“报名流程：”字样后，在“插入”选项卡的“插图”组中单击 SmartArt 按钮，打开“选择 SmartArt 图形”对话框，选择“流程”中的“基本流程”，如图 3-91 所示。

步骤 2：单击“确定”按钮后得到报名流程中的 3 个圆角矩形，选择其中任意一个，单击“SmartArt 工具-设计”选项卡，在“创建图形”组中单击“添加形状”按钮，在弹出的下拉列表中选择“在后面添加形状”选项，设置完成后即可得到与参考样式相匹配的图形，如图 3-92 所示。

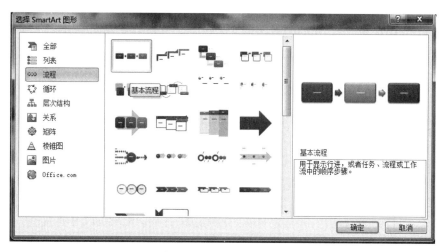

图 3-91　选择"基本流程"

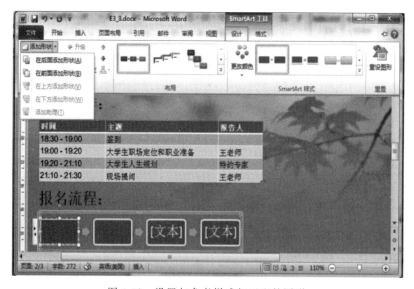

图 3-92　设置与参考样式相匹配的图形

步骤 3：在流程图的文本框中输入相应的流程名称，设置字号为 14 磅大小，如图 3-93 所示。

步骤 4：选中"学工处报名"所处的文本框，单击"SmartSrt 工具-格式"选项卡，在"形状样式"组中单击"形状填充"下拉按钮，在弹出的下拉列表中选择"标准色"中的"红色"选项，如图 3-94 所示。按照同样的方法依次设置后三个文本框的填充颜色为"浅绿""紫色""浅蓝"，效果如图 3-95 所示。

步骤 5：选中插入的 SmartArt 图形，在"SmartArt 工具-格式"选项卡的"排列"组中单击"环绕文字"按钮，在弹出的下拉列表中选择"四周型"。将插入的 SmartArt 图形拖移至"报名流程"所在行的下一行行首位置。

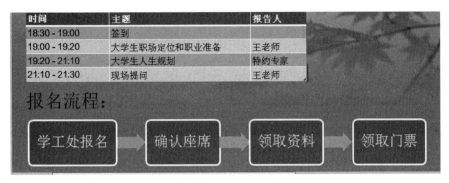

图 3-93　输入流程名称后的流程图

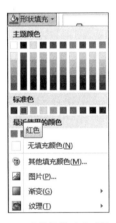

图 3-94　"形状填充"下拉列表

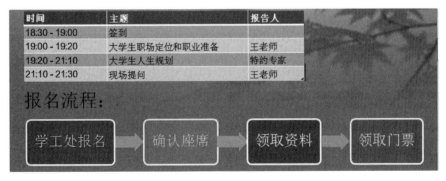

图 3-95　设置形状填充后的效果

（8）设置"报告人介绍："段落下面的文字排版布局。

步骤 1：将光标定位于"报告人介绍："下面的段落中，在"插入"选项卡的"文本"组中单击"首字下沉"按钮，在弹出的下拉列表中选择"首字下沉选项"命令，打开"首字下沉"对话框，在"位置"栏选择"下沉"选项，在"选项"栏中设置"字体"为楷体，"下沉行数"为 3 行，"距正文"为 0.4 厘米，如图 3-96 和图 3-97 所示，然后单击"确定"按钮。

步骤 2：选中"报告人介绍："下面的文字，在"开始"选项卡的"字体"组中将其设置为"白色 背景 1"。

图 3-96 "首字下沉"下拉列表　　　　　图 3-97 "首字下沉"对话框

（9）更换报告人照片为"实验 3.3"文件夹下的 Pic 2. jpg 照片，并设置照片格式。

步骤 1：选中照片，在"图片工具-格式"选项卡的"调整"组中单击"更改图片"按钮，在打开的"插入图片"对话框中选择所需图片，如图 3-98 所示，单击"插入"按钮。

图 3-98　插入照片

步骤 2：选中插入的照片，切换至"图片工具-格式"选项卡的"排列"组中。单击"旋转"按钮，在弹出的下拉列表中选择"水平翻转"选项，如图 3-99 所示。

步骤 3：选中照片，在"图片工具-格式"选项卡的"调整"组中单击"更正"按钮，在弹出的下拉列表中选择"柔化"为 50％，"亮度和对比度"为－20％、＋40％，如图 3-100 所示。

步骤 4：全部操作完成后，将文件以"海报"为名保存到自己的文件夹中。

实验项目 3.3.2　制作邀请函

任务描述

为召开云计算技术交流大会，小王需制作一批邀请函，需要邀请的人员名单见"人员名单"Excel 文档，大会定于 2013 年 10 月 19 日至 20 日在武汉举行。

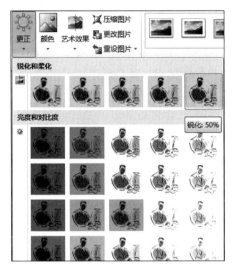

图 3-99　将照片水平翻转　　　　　　　　　　图 3-100　"更正"下拉列表

　　请根据上述活动的描述,参考图 3-101 所示邀请函样例,利用 Word 2016 制作一批邀请函,也可以打开"实验指导素材库\实验 3"下的"实验 3.3"文件夹中的"邀请函_样张"文件查看。制作邀请函所需的素材均保存在"实验 3.3"文件夹中。邀请函制作完毕后以"邀请函"为文件名保存到自己的文件夹中。要求如下。

　　(1)打开"邀请函_文字素材"文档,设置页面高度、宽度均为 27 厘米;页边距:上、下、左、右均为 3 厘米。

　　(2)设置标题文字的字体为华文楷体、一号、加粗,字符间距加宽 3 磅,字体颜色为红色,加紫色轮廓并居中显示,段后间距 1 行。

　　(3)设置正文、落款和日期的字体为楷体、四号,首行缩进 2 个字符(除"尊敬的"文字段

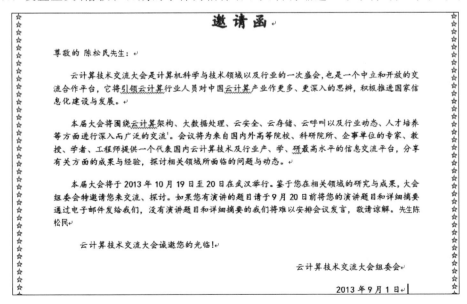

图 3-101　邀请函样例

落),行距 20 磅,段后间距 1 行。落款和日期位置为右对齐,且右侧缩进 3 字符。

(4) 将文档中"XXX 大会"替换为"云计算技术交流大会"。

(5) 将电子表格"人员名单"中的姓名信息自动填写到"邀请函"中"尊敬的"3 个字后面,并根据性别信息在姓名后添加"先生"(性别为男)或"女士"(性别为女)。

(6) 设置页面边框为黄色的"★"。

(7) 在正文第 2 段的第一句话"……进行深入而广泛的交流"后插入脚注"参见 http://www. cloudcomputing. cn 网站"。

操作提示

进入"实验 3.3"文件夹打开"邀请函_文字素材"文档。

(1) 设置页面

步骤 1:在"布局"选项卡的"页面设置"组中单击"页面设置"按钮,在打开的"页面设置"对话框中将页边距的上、下、左、右均设置为 3 厘米,如图 3-102 所示。

步骤 2:切换至"纸张"选项卡,在"宽度"和"高度"文本框中均输入 27 厘米,如图 3-103 所示,然后单击"确定"按钮。

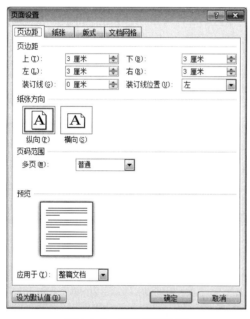

图 3-102　设置页面边距　　　　　　　　　图 3-103　设置纸张

(2) 设置标题文字。

步骤 1:选中标题,在"开始"选项卡的"字体"组中单击"字体""字号"和"字体颜色"下拉按钮将其设置为华文楷体、一号、红色;然后单击"加粗"按钮设置为加粗。

步骤 2:选中标题,单击"字体"按钮打开"字体"对话框,切换至"高级"选项卡,在"间距"下拉列表框中选择"加宽"选项,将右侧的"磅值"调整为 3,如图 3-104 所示,单击"确定"按钮。

步骤 3:选中标题,单击"文本效果"下拉按钮,在弹出的下拉列表中选择"轮廓"→"主题颜色"中的"紫色",如图 3-105 所示。

图 3-104　加宽字符间距

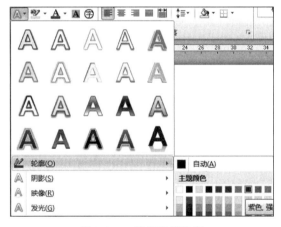

图 3-105　设置字符轮廓

　　步骤 4：选中标题，在"开始"选项卡的"段落"组中单击"段落"按钮，打开"段落"对话框，在"缩进和间距"选项卡的"常规"栏中将"对齐方式"下拉列表框中的列表项设置为"居中"，将"间距"栏中的段后调整为"1 行"，然后单击"确定"按钮。

　　（3）设置正文、落款和日期的字体为楷体、四号，首行缩进 2 个字符（除开"尊敬的"文字段落），行距 20 磅，段后间距 1 行。落款和日期位置为右对齐，且右侧缩进 3 个字符。

　　步骤 1：选中正文、落款和日期，在"开始"选项卡的"字体"组中单击"字体""字号"下拉按钮选择"楷体""四号"。

　　步骤 2：切换至"开始"选项卡的"段落"组中单击"段落"按钮，在打开的"段落"对话框的"缩进和间距"选项卡中，在"缩进"栏中，选择"特殊格式"下拉列表框中的列表项为"首行缩进"，将右侧的"磅值"调整为 2 字符；在"间距"栏中将"段后"调整为 1 行，将"行距"下拉列表框中的列表项选择为"固定值"，将其右侧的"设置值"调整为 20 磅，如图 3-106 所示，单击

实验

3

"确定"按钮。然后将光标定位于"尊敬的"文字前面,按 Backspace 键取消该行的首行缩进。

步骤 3:选中落款和日期,切换至"开始"选项卡的"段落"组中单击"段落"按钮,在打开的"段落"对话框中的"缩进和间距"选项卡下,将"常规"栏中的"对齐方式"选择为"右对齐",在"缩进"栏中将"右侧"调整为 3 字符,如图 3-107 所示,单击"确定"按钮。

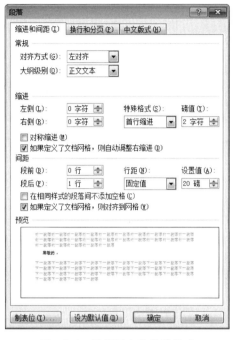

图 3-106　设置正文的段落格式

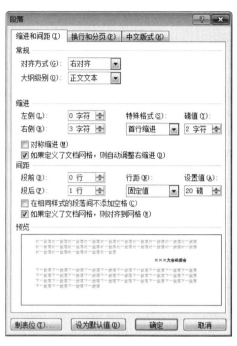

图 3-107　设置落款和日期的段落格式

(4) 将文档中"XXX 大会"替换为"云计算技术交流大会"。

步骤 1:选中首段文字前面的 XXX,单击"开始"选项卡"编辑"组中的"替换"按钮,打开"查找和替换"对话框,在"替换为"文本框中输入:"云计算技术交流",如图 3-108 所示。

图 3-108　"查找和替换"对话框

步骤 2:单击"全部替换"按钮,弹出 Microsoft Word 对话框,如图 3-109 所示,单击"否"按钮完成替换,然后单击"关闭"按钮关闭"查找和替换"对话框。

图 3-109　Microsoft Word 对话框

（5）在"尊敬的"3个字后面填写"人员名单"Excel
文档中的姓名信息和称谓。

　　步骤 1：将光标置于文中"尊敬的"之后，在"邮
件"选项卡的"开始邮件合并"组中单击"开始邮件合
并"下拉按钮，在弹出的下拉列表中选择"邮件合并分
步向导"选项，如图 3-110 所示。

　　步骤 2：打开"邮件合并"任务窗格，进入"邮件合
并分步向导"的第 1 步。在"选择文档类型"中选择一
个希望创建的输出文档的类型，此处选择"信函"单选
按钮，如图 3-111 所示。

图 3-110　"开始邮件合并"下拉列表

　　步骤 3：单击"下一步：正在启动文档"超链接，进
入"邮件合并分步向导"的第 2 步，在"选择开始文档"选项区域中选中"使用当前文档"单选
按钮，以当前文档作为邮件合并的主文档，如图 3-112 所示。

　　步骤 4：单击"下一步：选取收件人"超链接，进入第 3 步，在"选择收件人"选项区域中
选中"使用现有列表"单选按钮，如图 3-113 所示。

图 3-111　第 1 步

图 3-112　第 2 步

图 3-113　第 3 步

　　步骤 5：单击"浏览"超链接，打开"选取数据源"对话框，选择"人员名单"文件后单击"打
开"按钮，如图 3-114 所示。此时打开"选择表格"对话框，如图 3-115 所示，选择默认选项后
单击"确定"按钮。

　　步骤 6：进入"邮件合并收件人"对话框，如图 3-116 所示。单击"确定"按钮完成现有工
作表的链接工作。

　　步骤 7：在选择了收件人的列表之后，单击"下一步：撰写信函"超链接，进入第 4 步。
在"撰写信函"区域中选择"其他项目"超链接，如图 3-117 所示。

　　步骤 8：打开"插入合并域"对话框，在"域"列表框中按照题意选择"姓名"域，单击"插入"

实
验

3

Word 2016 文字处理软件操作

图 3-114 "选取数据源"对话框

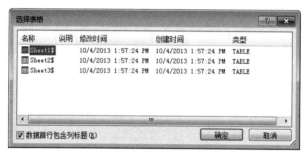

图 3-115 "选择表格"对话框

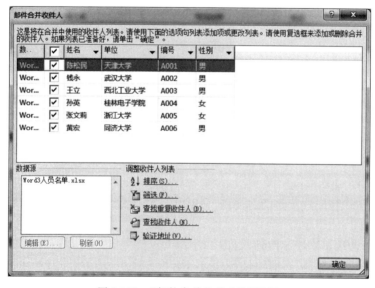

图 3-116 "邮件合并收件人"对话框

按钮,如图 3-118 所示,在插入完所需的域后单击"关闭"按钮,关闭"插入合并域"对话框,则文档中的相应位置就会出现已插入的域标记,如图 3-119 所示。

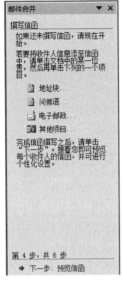

图 3-117　第 4 步　　　　　　　　图 3-118　"插入合并域"对话框

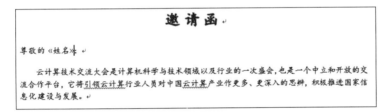

图 3-119　在主文档中插入合并域"姓名"后的效果图

步骤 9：在"邮件"选项卡的"编写和插入域"组中单击"规则"下拉按钮,在弹出的下拉列表中选择"如果…那么…否则…"选项,打开"插入 Word 域:IF"对话框。在"域名"下拉列表框中选择"性别"选项,在"比较条件"下拉列表框中选择"等于"选项,在"比较对象"文本框中输入"男",在"则插入此文字"文本框中输入"先生",在"否则插入此文字"文本框中输入"女士"。设置完成后单击"确定"按钮,如图 3-120 所示。

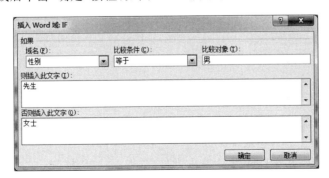

图 3-120　"插入 Word 域:IF"对话框

步骤 10：在"邮件合并"任务窗格中单击"下一步：预览信函"超链接，进入第 5 步，如图 3-121 所示。在"预览信函"选项区域中单击"≪"或"≫"按钮，可查看具有不同邀请人的姓名和称谓的信函，如图 3-122 所示。

图 3-121　第 5 步

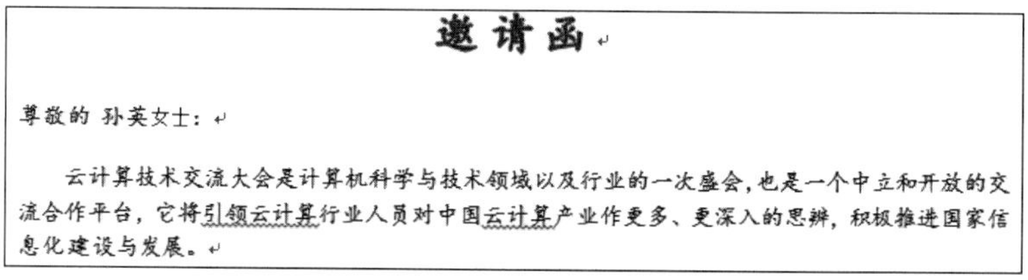

尊敬的 孙英女士：

　　云计算技术交流大会是计算机科学与技术领域以及行业的一次盛会，也是一个中立和开放的交流合作平台，它将引领云计算行业人员对中国云计算产业作更多、更深入的思辨，积极推进国家信息化建设与发展。

图 3-122　具有不同邀请人的姓名和称谓的信函

步骤 11：预览并处理输出文档后，单击"下一步：完成合并"超链接，进入"邮件合并分步向导"的最后一步，此处单击"编辑单个信函"超链接，如图 3-123 所示。

步骤 12：打开"合并到新文档"对话框，在"合并记录"选项区域中，选中"全部"单选按钮，如图 3-124 所示。

图 3-123　第 6 步

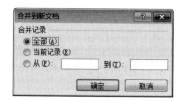

图 3-124　"合并到新文档"对话框

步骤 13：最后单击"确定"按钮，Word 就会将存储的收件人的信息自动添加到邀请函的正文中，并合并生成一个包含有 6 个人邀请函的新文档。

（6）设置页面边框为黄色的★。

步骤 1：在"布局"选项卡的"页面背景"组中单击"页面边框"按钮，打开"边框和底纹"对话框。

步骤 2：切换至"页面边框"选项卡，在"艺术型"下拉列表框中选择黄★，在"应用于"下拉列表框中选择"整篇文档"选项，如图 3-125 所示，然后单击"确定"按钮。

（7）在正文第 2 段的第一句话"……进行深入而广泛的交流"后插入脚注"参见 http://www.cloudcomputing.cn 网站"。

步骤 1：选中正文第 2 段的第一句话"……进行深入而广泛的交流"文字，切换至"引用"选项卡的"脚注"组中单击"插入脚注"按钮，如图 3-126 所示。

步骤 2：在选中文字的后面添加了一个标注符号"1"，光标调至该页底端，在光标所在处输入："参见 http://www.cloudcomputing.cn 网站"。仿此方法为每个邀请函添加脚注。

图 3-125　"边框和底纹"对话框

图 3-126　"脚注"组

（8）保存文档。

确认全部操作完成后，以"邀请函"为文件名保存到自己的文件夹中。

实验 3.4　图 文 混 排

【实验目的】

（1）熟练掌握插入图片及设置对象格式的方法。

（2）熟练掌握艺术字的使用。

（3）熟练掌握文本框的使用。

（4）熟练掌握图文混排和绘制简单图形的操作。

实验项目 3.4.1　赠送给老师的节日贺卡

任务描述

为表达对教师的敬爱，在教师节来临之际，物联网工程专业学生小王为教师设计一张节日贺卡以表感恩之情。参考图 3-127 所示教师节节日贺卡样例，利用 Word 2016 制作一张赠送给老师的节日贺卡，也可以打开"实验指导素材库\实验 3"下的"实验 3.4"文件夹中的"贺卡_样张"文件查看。制作贺卡所需素材均保存在"实验 3.4"文件夹中。贺卡制作完毕

Word 2016 文字处理软件操作

后以"教师节节日贺卡"为文件名保存到自己的文件夹中。要求如下。

（1）进入"实验3.4"文件夹打开"贺卡_文字素材"文档，设置纸张大小为16开，页边距为上、下2.54厘米，左、右1.91厘米。

（2）将"实验3.4"文件夹下的图片"贺卡背景_图片"插入到文档中，调整图片显示在页面正中间并设置为"衬于文字下方"，将图片设置为双框架、黑色、边框线条粗细为12磅。

（3）将"老师您辛苦了！"设置为艺术字，艺术字样式设置为"填充-红色，强调文字颜色2，粗糙棱台"，文字效果为"发光：橙色，8pt发光，强调文字颜色6"，陀螺形旋转，置于图片右下方。

（4）用文本框输入祝词文本，行距为1.5倍；称谓及正文的文字样式设置为"小四、楷体、加粗"，正文文本设置为"首行缩进2字符"，并添加下画线，署名与日期设置为"小四、黑体、加粗"，右对齐；将文本框置于图片中部的合适位置。

图3-127　教师节节日贺卡样例

操作提示

进入"实验3.4"文件夹打开"贺卡_文字素材"文档。

（1）纸张、页边距设置。

步骤1：在"布局"选项卡的"页面设置"组中单击"页面设置"按钮，打开"页面设置"对话框，将"页边距"的上、下设置为2.54厘米，左、右设置为1.91厘米，如图3-128所示。

步骤2：切换至"纸张"选项卡，在"纸张大小"下拉列表框中选择16开，如图3-129所示。

步骤3：单击"确定"按钮关闭对话框。

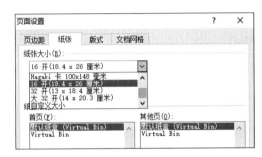

图 3-128 "页边距"选项卡

图 3-129 "纸张"选项卡

（2）设置图片。

步骤1：插入图片。在"插入"选项卡的"插图"组单击"图片"按钮，打开"插入图片"对话框，按图片存放路径选择所需图片后单击"插入"按钮即可插入图片，如图 3-130 所示。

图 3-130 "插入图片"对话框

步骤2：选中图片，切换至"图片工具—格式"选项卡，在"排列"组中将"位置"设置为"中间居中，四周型文字环绕"，如图 3-131 所示；"环绕文字"设置为"衬于文字下方"，如图 3-132 所示。

图 3-131 "位置"下拉列表   图 3-132 "环绕文字"下拉列表

步骤 3：选中图片,切换至"图片工具-格式"选项卡,在"图片样式"组中选择"双框架、黑色";并单击"图片边框"按钮,在弹出的下拉列表中选择"粗细"→"其他线条"选项,在右侧打开"设置图片格式"选项框,在"线条"的"宽度"微调框中输入"12 磅",如图 3-133 所示。

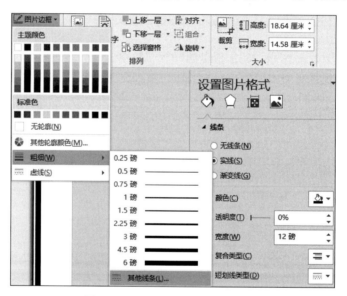

图 3-133 设置图片边框线为 12 磅

(3) 设置艺术字。

步骤 1：在"插入"选项卡的"文本"组中单击"艺术字"按钮,在其下拉列表中选择"填充·金色,着色 4,软棱台"的艺术字样式,如图 3-134 所示,然后输入文本"老师您辛苦了!"

步骤 2：选中艺术字,在"绘图工具-格式"选项卡的"艺术字样式"组中单击"文本效果"按钮,在弹出的下拉列表中选择"发光"中的"橙色,8pt 发光,个性色 2",在"转换"中选择"陀螺形",如图 3-135 所示。

步骤 3：将艺术字拖至图片右下方的合适位置即可。

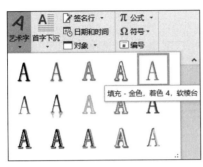

图 3-134　"艺术字"下拉列表

图 3-135　"文本效果"下拉列表

（4）设置祝词文本。

步骤 1：选中所有祝词文本，在"插入"选项卡的"文本"组中单击"文本框"按钮，在弹出的下拉列表中选择"绘制文本框"选项，如图 3-136 所示，然后拖动鼠标绘制文本框，并适当调整文本框大小。

步骤 2：选中所有祝词文本，在"开始"选项卡的"段落"组中单击"段落"按钮，在打开的"段落"对话框中设置行距为"1.5 倍"，如图 3-137 所示。

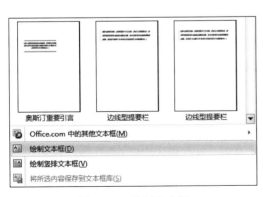

图 3-136　绘制文本框

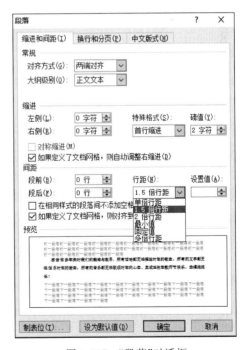

图 3-137　"段落"对话框

步骤 3：选中称谓及正文文本，在"开始"选项卡的"字体"组中分别单击"字体""字号"和

实
验
3

Word 2016 文字处理软件操作

"加粗"按钮将文字设置为楷体、小四、加粗,如图 3-138 所示。

　　步骤 4:选中正文文本,在"开始"选项卡的"段落"组中单击"段落"按钮,在打开的"段落"对话框中设置"首行缩进:2 字符",单击"确定"按钮;在"字体"组中单击下画线按钮设置文本下画线。

　　步骤 5:选中署名及日期,在"开始"选项卡的"字体"组中分别单击"字体""字号"和"加粗"按钮将文字设置为黑体、小四、加粗;在"段落"组中单击"文本右对齐"按钮。

　　步骤 6:选中文本框,在"绘图工具-格式"选项卡的"形状样式"组中单击"形状轮廓"按钮,在弹出的下拉列表中选择"无轮廓"选项,如图 3-139 所示。

　　步骤 7:将文本框拖至图片中部的合适位置。确认全部操作完成后,以"教师节节日贺卡"为文件名保存到自己的文件夹中。

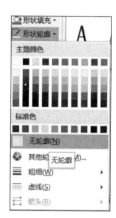

图 3-138　称谓及正文文本的"字体"设置　　　　图 3-139　设置文本框无轮廓

实验项目 3.4.2　举办周末舞会海报

任务描述

　　为培养学生的课外社交能力,艺术学院学生会专门利用周末时间为在校大学生准备一场舞会,意在增加学生之间的互动与情感交流,为此需设计一张用于宣传的舞会海报来吸引更多学生。参考图 3-140 所示舞会海报样例,利用 Word 2016 制作一张周末舞会海报,也可以打开"实验指导素材库\实验 3"下的"实验 3.4"文件夹中的"舞会海报_样张"文件查看。制作舞会海报所需的素材均保存在"实验 3.4"文件夹中,舞会海报制作完毕后以"周末舞会海报"为文件名保存到自己的文件夹中。要求如下。

　　(1)进入"实验 3.4"文件夹打开"舞会海报_文字素材"文档,设置纸张大小为 32.23 厘米(宽度)×23.54 厘米(高度),页边距上、下、左、右均为 3 厘米,纸张方向为横向。

　　(2)将"实验 3.4"文件夹下"舞会海报背景_图片"插入到文档中,调整图片显示在页面正中间并设置为"衬于文字下方"。

　　(3)将主题"校园舞会"设置为艺术字,字号为 55 号,加粗显示;艺术字样式设置为"填充,蓝色,着色 1,阴影";文本填充为"渐变"→"深色变体"中的"线性对角·左上到右下";文本效果中的"发光"为"发光变体"中的"金色,8pt 发光,个性 4";文本效果中的"转换"为"弯曲"中的"正三角形"。

（4）将海报内容设置为竖向文本，其中涉及的数字均采用横向文本，行距为1.5倍。字体设置为"四号、黑体"，其中标题加粗显示。将文本框置于图片左中部合适位置。

（5）为海报增加光圈效果，插入无填充色的圆形，边框颜色设置为"白色，背景1，深色15%"，4.5磅粗细，形状效果设置为"发光变体"中的"灰色-50%，5pt发光，个性色3"，1磅柔化边缘效果。通过复制粘贴的方式可设置多个不同大小、不同效果的光圈，放置在图片右上方合适位置。

图3-140　舞会海报样例

操作提示

进入"实验3.4"文件夹打开"舞会海报_文字素材"文档。

（1）纸张、页边距设置。

步骤1：在"布局"选项卡的"页面设置"组中单击"页面设置"按钮，打开"页面设置"对话框，将"页边距"的上、下、左、右均设置为3厘米，将纸张方向设置为"横向"，如图3-141所示。

步骤2：切换至"纸张"选项卡，在"纸张大小"下拉列表框中选择"自定义大小"选项，在"宽度"列表框中输入"32.23厘米"，在"高度"列表框中输入"23.54厘米"，如图3-142所示。

步骤3：单击"确定"按钮关闭对话框。

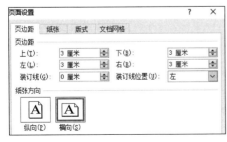

图3-141　"页边距"选项卡

图3-142　"纸张"选项卡

Word 2016文字处理软件操作

（2）设置图片。

步骤1：插入图片。在"插入"选项卡的"插图"组中单击"图片"按钮，打开"插入图片"对话框，按图片存放路径选择所需图片后单击"插入"按钮即可插入图片，如图 3-143 所示。

图 3-143　"插入图像"对话框

步骤2：选中图片。切换至"图片工具-格式"选项卡，在"排列"组中将"位置"设置为"中间居中，四周型文字环绕"，如图 3-144 所示；将"环绕文字"设置为"衬于文字下方"，如图 3-145 所示。

图 3-144　"位置"下拉列表

图 3-145　"环绕文字"下拉列表

（3）设置艺术字。

步骤1：选中主题文本"校园舞会"，在"插入"选项卡的"文本"组中单击"艺术字"按钮，在其下拉列表中选择"填充，蓝色，着色1，阴影"的艺术字样式，如图 3-146 所示。

步骤2：选中艺术字，切换至"开始"选项卡，在"字体"组中分别单击"字号"和"加粗"按钮将文字设置为 55 号、加粗。

步骤3：选中艺术字，在"绘图工具-格式"选项卡的"艺术字样式"组中单击"文本填充"

按钮,在弹出的下拉列表中选择"渐变"→"深色变体"中的"线性对角,左上到右下"选项,如图 3-147 所示。

步骤 4:选中艺术字,在"绘图工具-格式"选项卡的"艺术字样式"组中单击"文本效果"按钮,在弹出的下拉列表中选择"发光"→"发光变体"中的"金色,8pt 发光,个性 4"选项,如图 3-148 所示。

步骤 5:选中艺术字,在"绘图工具-格式"选项卡的"艺术字样式"组中单击"文本效果"按钮,在弹出的下拉列表中选择"转换"→"弯曲"中的"正三角"选项,如图 3-149 所示。

步骤 6:将艺术字拖至图片左上方的合适位置。

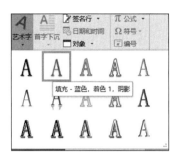

图 3-146　"艺术字"下拉列表

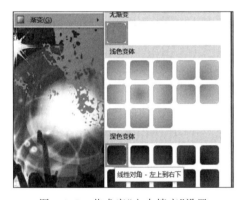

图 3-147　艺术字"文本填充"设置

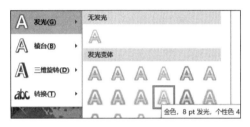

图 3-148　艺术字发光效果设置

（4）设置海报内容。

步骤 1:选中海报内容文字,在"插入"选项卡的"文本"组中单击"文本框"按钮,在弹出的下拉列表中选择"绘制竖排文本框"选项,鼠标指针变成"＋"号,选择文中合适位置绘制适当大小的竖排文本框。

步骤 2:分别选中文本框中的数字文本,例如 2017,在"开始"选项卡的"段落"组中单击"中文版式"下拉按钮,选择"纵横混排"选项,如图 3-150 所示。在弹出的"纵横混排"对话框中取消选中"适应行宽"复选框,如图 3-151 所示,单击"确定"按钮。其他数字文本均按照此步骤完成设置。

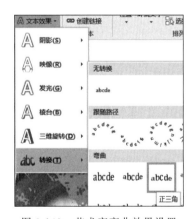

图 3-149　艺术字弯曲效果设置

步骤 3:选中文本框中的所有文字,在"开始"选项卡的"字体"组中分别将"字体""字号"设置为黑体、四号。

步骤 4:将文本框中的标题文字均设置为加粗。

步骤 5:将文本框中的文本段落格式设置为"1.5 倍行距"。

步骤 6:选中文本框,在"绘图工具-格式"选项卡的"形状样式"组中单击"形状轮廓"下拉按钮,在弹出的下拉列表中选择"无轮廓"选项。

90

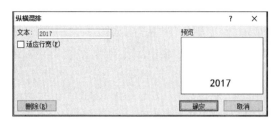

图 3-150 "中文版式"设置　　　　　　图 3-151 "纵横混排"对话框

步骤 7：将文本框拖至该页面左中部的合适位置。

图 3-152 "形状"下拉列表

（5）设置光圈效果。

步骤 1：插入圆形。在"插入"选项卡的"插图"组中单击"形状"下拉按钮，选中"椭圆"形状，如图 3-152 所示，此时光标变成"十"字形，在背景图片右上部的合适位置按下鼠标左键，同时按住 Shift 键，通过拖拽鼠标绘制正圆。

步骤 2：选中"正圆"，在"绘图工具-格式"选项卡的"形状样式"组中单击"形状填充"下拉按钮，在弹出的下拉列表中选择"无填充颜色"选项，如图 3-153 所示；然后单击"形状轮廓"下拉按钮，选择颜色为"白色，背景 1，深色 15％"的图标，选择"粗细"为"4.5 磅"，如图 3-154 所示。

步骤 3：继续选中"正圆"，单击"形状效果"下拉按钮，在弹出的下拉列表中选择"发光变体"中的"灰色－50％，5pt 发光，个性色 3"选项，选择"柔化边缘"为"1 磅"选项，如图 3-155 所示。

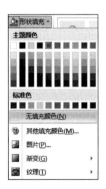
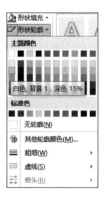

图 3-153 "形状填充"设置　　　图 3-154 "形状轮廓"设置　　　图 3-155 "形状效果"设置

步骤 4：选中已格式化的"正圆"，右击，在弹出的快捷菜单中选择复制命令，然后在背景图片上的合适位置进行粘贴。按照步骤 3 中的方法修改圆圈的颜色及形状效果。选中形状，同时按住 Shift 键还可调整正圆的大小。这样即可完成多个光圈的制作。

步骤 5：确认全部操作完成后，以"周末舞会海报"为文件名保存到自己的文件夹中。

实验 4 Excel 2016 电子表格软件操作

实验 4.1 Excel 工作表的基本操作与格式化

实验目的

(1) 熟练掌握 Excel 工作簿、工作表和单元格的常见操作。

(2) 熟练掌握工作表中数据的输入。

(3) 掌握公式的建立与复制。

(4) 掌握工作表中单元格的格式设置方法。

实验项目 4.1.1 设计制作个人现金账目台账表

任务描述

以月和工作表为基本单位制作个人现金账目台账表。工作表命名规则为某年某月,如 2016-1、2016-2 等。每个工作表中的单元格架构为:合并 A1:F1 单元格区域并居中,输入表标题:某年某月个人现金账目记录,如"2016 年 1 月个人现金账目记录",字体设置为华文楷体、16 磅、加粗;在 A2:F2 单元格区域中分别输入数据表列标题:日期、收入科目、收入(元)、支出科目、支出(元)、余额(元),字体设置为仿宋、14 磅、加粗;从 A3 单元格开始输入每笔记录,并能根据每笔记录的收入和支出自动计算余额,单元格中的字体格式为宋体、12 磅,日期为日期格式中的 X 年 X 月 X 日,现金使用"数值"型、小数位数 2 位,使用千位分隔符;表格中所有单元格均设置为居中显示。最后以"某某个人现金账目台账"为工作簿文件名,保存在个人指定的文件夹中。此处要求保存在"实验指导素材库\实验 4\实验 4.1"文件夹。设计样例如图 4-1 所示,也可在"实验 4.1"文件夹中打开 Excel 文档"某某个人现金账目台账_样张"查看。

图 4-1 个人现金账目台账表样例

操作提示

（1）新建工作簿文件，工作表命名为"2016-1""2016-2"等。

步骤 1：启动 Excel 2016：在桌面单击"开始"→"Excel 2016"，打开如图 4-2 所示界面，选择"新建"命令，再单击"空白工作簿"，打开如图 4-3 所示的"工作簿 1-Excel"窗口。

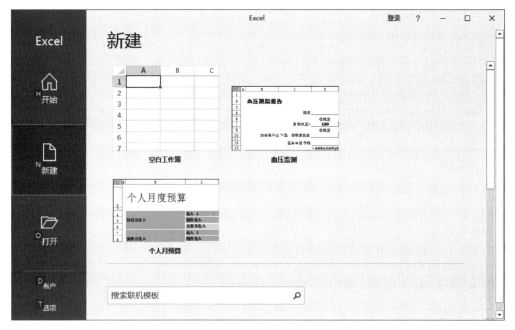

图 4-2　启动 Excel 的界面

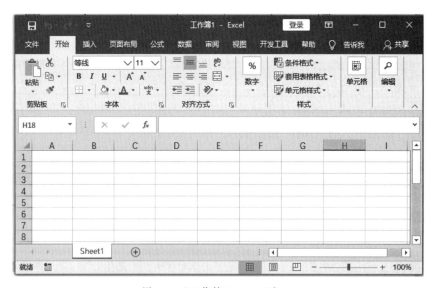

图 4-3　"工作簿 1-Excel"窗口

步骤 2：双击工作表标签 Sheet1，输入文字：2016-1，然后按 Enter 键。单击"新工作表"按钮，按同样的方法将其命名为"2016-2"。仿此方法建立更多的工作表，分别命名为"2016-3"，……，如图 4-4 所示。

图 4-4　建立新工作表并为其命名后的效果

（2）输入工作表标题并设置字体格式。

步骤 1：单击工作表名"2016-1"，切换至"2016-1"工作表。

步骤 2：用拖拉法选中 A1:F1 单元格区域，如图 4-5 所示。

图 4-5　选中 A1:F1 单元格区域

　　步骤 3：在"开始"选项卡的"对齐方式"组中单击"合并后居中"按钮，在弹出的下拉列表中选择"合并后居中"选项，如图 4-6 所示。

　　步骤 4：然后在编辑框或 A1 单元格中输入文字："2016 年 1 月个人现金账目记录"，并切换至"开始"选项卡的"字体"组中将字体设置为华文楷体、16磅、加粗，如图 4-7 所示。

图 4-6　合并后居中

（3）输入数据表列标题并设置字体格式。

　　步骤 1：依次选中 A2、B2、C2、D2、E2、F2 单元格，分别输入："日期、收入科目、收入（元）、支出科目、支出（元）和余额（元）"文字。

　　步骤 2：切换至"开始"选项卡的"字体"组中将字体设置为仿宋、14 磅、加粗。

（4）设置数据表数据记录区的字体为宋体、12 磅。

图 4-7　输入并设置表标题

步骤 1：选中 A3:F33 单元格区域。

步骤 2：切换至"开始"选项卡的"字体"组中将字体设置为宋体、12 磅。

(5) 设置整个工作表单元格格式为居中并添加表格线。设置 A2:F33 单元格区域的行高和列宽均为 18。

步骤 1：选中 A1:F33 单元格区域。

步骤 2：切换至"开始"选项卡的"对齐方式"组，单击"设置单元格格式：对齐方式"按钮，在打开的"设置单元格格式"对话框中，将"水平对齐"设置为"居中"，"垂直对齐"设置为"居中"，如图 4-8 所示。

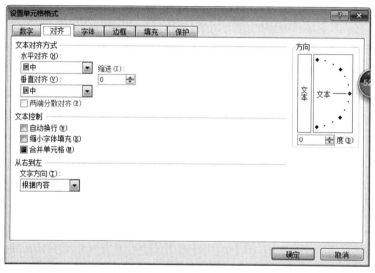

图 4-8　单元格的居中设置

步骤 3：切换至"边框"选项卡，在"样式"栏选线型，在"颜色"下拉列表框选择线的颜色，此处为默认选择，即单实线、自动，在"预置"栏单击"外边框"和"内部"设置外边框线和内框线，如图 4-9 所示。

步骤 4：单击"确定"按钮，完成居中和内外框线的设置。

步骤 5：选中 A2:F33 单元格区域，在"开始"选项卡的"单元格"组中单击"格式"下拉按钮，在弹出的下拉列表中分别选择"行高"和"列宽"选项打开"行高"和"列宽"对话框，均设置为"18"，然后分别单击"确定"按钮，如图 4-10 和图 4-11 所示。

(6) 设置"日期"列的数据显示格式为"X 年 X 月 X 日"；设置"收入(元)""支出(元)"和"余额(元)"列的数据显示格式为"数值"型、小数位数 2 位、使用千位分隔符。

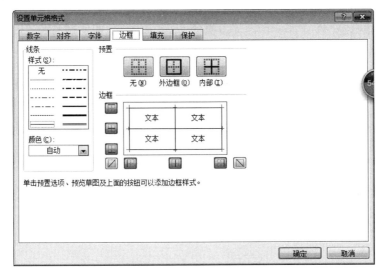

图 4-9   表格内外框线设置

图 4-10   设置行高

图 4-11   设置列宽

步骤 1：选中 A3：A33 单元格区域，切换至"开始"选项卡的"数字"组中，单击"设置单元格格式：数字"按钮，打开"设置单元格格式"对话框，在"数字"选项卡下的"分类"组中选择"日期"选项，在弹出的"类型"框中选择如图 4-12 所示显示格式，单击"确定"按钮。

图 4-12   设置日期显示格式

步骤 2：按住 Ctrl 键选中 C3：C33，E3：F33 单元格区域，切换至"开始"选项卡的"数字"

实
验

4

Excel 2016 电子表格软件操作

组中,单击"设置单元格格式:数字"按钮,打开"设置单元格格式"对话框,在"数字"选项卡下的"分类"组中选择"数值"选项,将其右侧的"小数位数"微调框调整为 2,选中"使用千位分隔符"复选框,如图 4-13 所示。然后单击"确定"按钮。

图 4-13　设置"收入(元)""支出(元)"和"余额(元)"列的数字显示格式

(7) 设计制作"2016-2"数据表。

步骤 1:单击"2016-2"工作表标签,切换至"2016-2"工作表。

步骤 2:按照同样的操作步骤设计制作第 2 个数据表。

步骤 3:全部操作完成后,单击"文件"选项卡,打开 Backstage 视图,选择"另存为"命令,找到保存位置"实验 4.1"文件夹并双击,打开"另存为"对话框,在文件名文本框输入:某某个人现金账目台账,然后单击"保存"按钮。

实验项目 4.1.2　建立张三个人现金账目台账

任务描述

进入自己的文件夹(实验 4.1),打开"某某个人现金账目台账"Excel 文档,录入如图 4-14 所示的"2016 年 1 月张三个人现金账目记录表"中的每笔账目,并能根据输入的每一笔账目自动计算余额。建账后以"张三个人现金账目台账"为工作簿文件名保存在自己的文件夹(实验 4.1)中。

操作提示

(1) 录入第 1 笔账并计算余额。

步骤 1:进入"实验 4.1"文件夹打开"某某个人现金账目台账"Excel 文档,单击"2016-1"工作表标签。

步骤 2:单击选中 A3 单元格,按照图 4-14 所示,录入第 1 笔账。

步骤 3:单击选中 F3 单元格,切换至英文半角状态,输入公式:"＝C3－E3",然后按 Enter 键,或单击编辑栏中的"输入"按钮,如图 4-15 所示。

2016年1月张三个人现金账目记录表

日期	收入科目	收入（元）	支出科目	支出（元）	余额（元）
2016年1月2日	工资	12,765.00	买相机	6,548.00	
2016年1月5日	课时费	8,568.00			
2016年1月8日			日用品	1,800.00	
2016年1月10日			缴物营费	650.00	
2016年1月16日	上年奖金	25,688.00			
2016年1月22日			买衣服	2,548.00	
2016年1月26日			购置家具	4,888.00	
2016年1月28日			生活用品	1,569.00	
2016年1月31日			办年货	5,679.00	

图 4-14 2016 年 1 月张三个人现金账目记录表

图 4-15 计算第 1 笔账的余额

（2）录入第 2 笔账并计算余额。

步骤 1：单击选中 A4 单元格，按照图 4-14 所示，录入第 2 笔账。

步骤 2：单击选中 F4 单元格，切换至英文半角状态，输入公式："＝F3＋C4－E4"，然后单击编辑栏中的"输入"按钮，如图 4-16 所示。

说明：本次的余额＝上次的余额＋本次的收入－本次的支出。

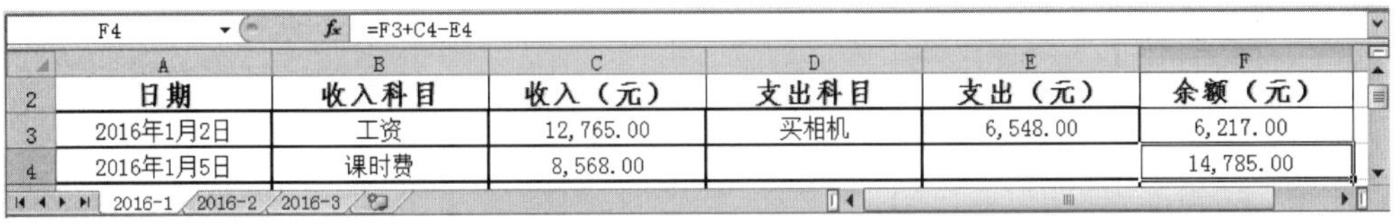

图 4-16 计算第 2 笔账的余额

（3）录入第 3 笔账并计算余额。

步骤 1：单击 A5 单元格，按照图 4-14 所示，录入第 3 笔账。

步骤 2：单击 F4 单元格右下角的复制柄，拖移至 F5 单元格，完成公式的复制，如图 4-17 所示。

说明：利用单元格的相对引用实现公式复制。

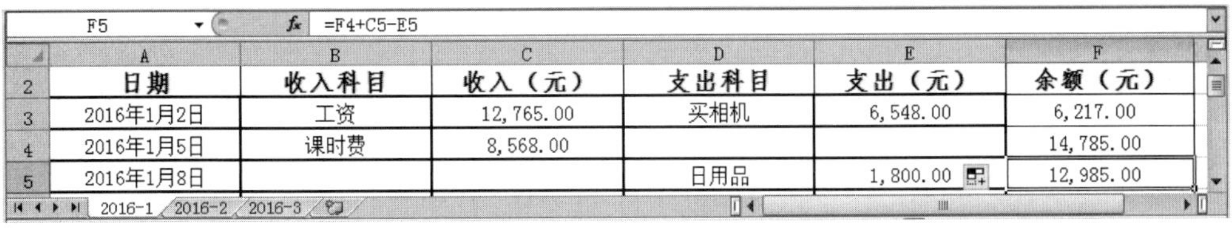

图 4-17 计算第 3 笔账的余额

实
验

4

Excel 2016 电子表格软件操作

（4）自动计算余额的设置。

到此为止，我们每录入一笔账，然后复制公式就能计算出余额。但这还不算自动计算余额。如果我们要实现每录入一笔账，余额就能自动马上算出，则必须先复制公式。如果先复制公式，就会出现如图 4-18 所示的结果。我们发现，空行-未录入账目记录也出现余额，而且是相同余额，这是不合情理的。

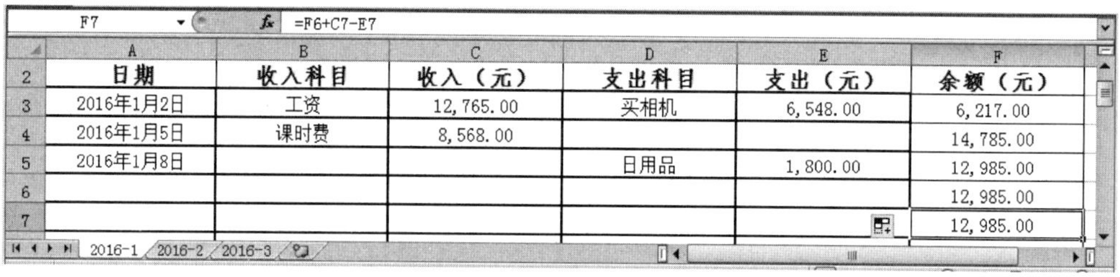

图 4-18　对于空行复制公式的结果

为解决这一矛盾，我们必须使用条件函数，如果为空行-空记录，则余额不显示，只有不为空记录才显示余额。将 F4 单元格的公式改为如下公式：

$$=IF(C4＋E4<>0,F3＋C4－E4,"")$$

我们再复制公式发现空行无余额，每录入一笔账目余额就能自动算出，达到预期效果，如图 4-19 所示。

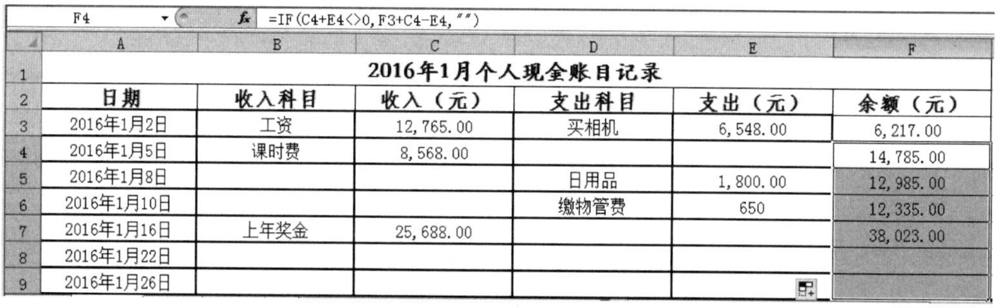

图 4-19　公式更改后对于空行复制公式的结果

（5）跨数据表的余额传递。

分析：当 1 月的账目录入完毕以后应该转入 2 月，那么这两个月之间的数据有什么关联呢？为了实现记账的连续性，按照统计账目的常识，我们应该将 1 月的最后余额传递到 2 月作为 2 月的第 1 笔收入。

步骤 1：单击"2016-2"工作表标签。

步骤 2：单击选中 C3 单元格，输入公式：＝'2016-1'!F11。

步骤 3：单击编辑栏中的"输入"按钮，完成余额的传递，如图 4-20 和图 4-21 所示。

说明：在 C3 单元格中输入的公式属于跨工作表的单元格引用，公式'2016-1'!F11 表示引用了工作表名称为"2016-1"工作表中的 F11 单元格，其中的"!"表示工作表与单元格之间的隶属关系。

（6）设置第 2 张数据表的余额自动计算。

步骤 1：选中 F3 单元格，输入公式："＝C3－E3"，按 Enter 键。

| F11 | | f_x | =IF(C11+E11<>0,F10+C11-E11,"") | | | |

	A	B	C	D	E	F
1			2016年1月个人现金账目记录			
2	日期	收入科目	收入（元）	支出科目	支出（元）	余额（元）
3	2016年1月2日	工资	12,765.00	买相机	6,548.00	6,217.00
4	2016年1月5日	课时费	8,568.00			14,785.00
5	2016年1月8日			日用品	1,800.00	12,985.00
6	2016年1月10日			缴物管费	650	12,335.00
7	2016年1月16日	上年奖金	25,688.00			38,023.00
8	2016年1月22日			买衣服	2,548.00	35,475.00
9	2016年1月26日			购置家具	4,888.00	30,587.00
10	2016年1月28日			生活用品	1,569.00	29,018.00
11	2016年1月31日			办年货	5,679.00	23,339.00
12						

2016-1 / 2016-2 / 2016-3

图 4-20　"2016-1"工作表中的 F11 单元格

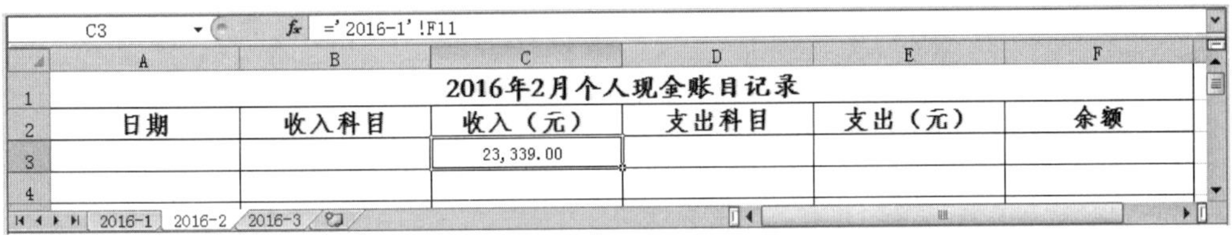

| C3 | | f_x | ='2016-1'!F11 | | | |

	A	B	C	D	E	F
1			2016年2月个人现金账目记录			
2	日期	收入科目	收入（元）	支出科目	支出（元）	余额
3			23,339.00			
4						

2016-1 / 2016-2 / 2016-3

图 4-21　"2016-2"工作表中的 C3 单元格

步骤 2：选中 F4 单元格，输入公式：＝IF（C4＋E4＜＞0,F3＋C4－E4,""），按 Enter 键。

步骤 3：将 F4 单元格中的公式复制到 F33 单元格，如图 4-22 所示。

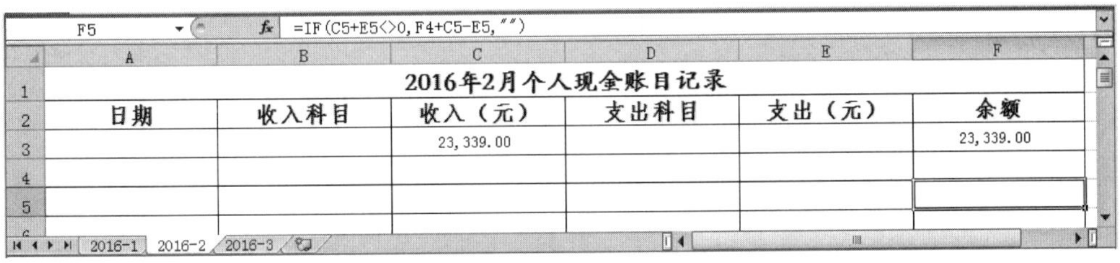

| F5 | | f_x | =IF(C5+E5<>0,F4+C5-E5,"") | | | |

	A	B	C	D	E	F
1			2016年2月个人现金账目记录			
2	日期	收入科目	收入（元）	支出科目	支出（元）	余额
3			23,339.00			23,339.00
4						
5						

2016-1 / 2016-2 / 2016-3

图 4-22　设置第 2 张数据表的余额自动计算

（7）建账完成后保存文档。

步骤 1：单击"文件"选项卡，在打开的 Backstage 视图中选择"另存为"命令。

步骤 2：双击"实验 4.1"文件夹，在打开的"另存为"对话框中，在"文件名"文本框中输入：张三个人现金账目台账，在"文件类型"下拉列表框中选择"Excel 文档"或不选（系统默认 Excel 文档类型），然后单击"确定"按钮。

实验 4.2　数据计算与创建图表

实验目的

（1）熟练掌握公式与函数的使用方法。

Excel 2016 电子表格软件操作

（2）熟练掌握公式与函数的复制方法。

（3）熟练掌握单元格相对地址与绝对地址的引用方法。

（4）熟练掌握创建图表的方法。

实验项目 4.2.1　学生考试成绩的统计

任务描述

进入"实验指导素材库\实验4\实验4.2"文件夹,打开"A班学生考试成绩_原始数据"Excel文档,在该工作簿文档中,A班学生成绩表原始数据如图4-23所示,对数据表中的所列项目进行计算与单科不及格判定,并进行单元格格式化和创建设计图表,最后以"A班学生考试成绩_统计结果"为Excel文档名保存于自己的文件夹(实验4.2)中。设计样例如图4-24所示,也可打开"A班学生考试成绩_统计结果(样张)"Excel文档查看。

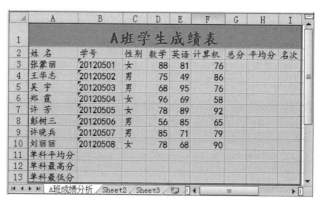

图 4-23　A班学生考试成绩原始数据

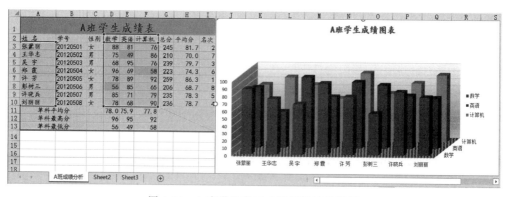

图 4-24　A班学生考试成绩统计结果样例

操作提示

1. 计算成绩表中所列项目

（1）计算总分。

分析:计算总分可以使用公式也可以使用函数,两者比较使用函数较为方便。

步骤1:选中G3单元格,在"公式"选项卡的"函数库"组中单击"插入函数"按钮,打开"插入函数"对话框,在"或选择类别"下拉列表框中选择"常用函数"选项,在"选择函数"列表框中选择 SUM 函数,如图 4-25 所示。

步骤 2:单击"确定"按钮,打开"函数参数"对话框,如图 4-26 所示。

步骤 3:再次单击"确定"按钮。

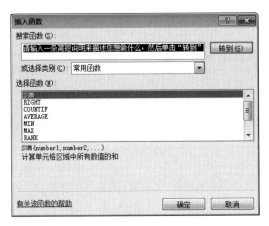

图 4-25　选择 SUM 函数

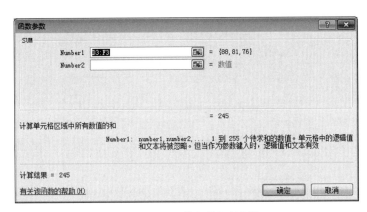

图 4-26　"函数参数"对话框

步骤 4:选中 G3 单元格右下角的复制柄拖移至 G10 单元格完成公式复制。

(2)计算平均分,保留 1 位小数。

步骤 1:选中 H3 单元格,在打开的"插入函数"对话框中的"选择函数"列表框中选择 AVERAGE 函数。

步骤 2:单击"确定"按钮,在打开的"函数参数"对话框中将 Number1 中的参数 D3:G3 修改为 D3:F3,如图 4-27 所示。

步骤 3:再次单击"确定"按钮。H3 单元格中的值为 81.667,为无限循环小数。

步骤 4:选中 H3 单元格,切换至"开始"选项卡的"数字"组中连续单击"缩小小数位数"按钮直到小数位数变为 1 位为止。

步骤 5:单击选中 H3 单元格右下角的复制柄,将其拖移至 H10 单元格,完成公式复制。

(3)计算名次。

步骤 1:选中 I3 单元格,在"开始"选项卡的"编辑"组中单击"自动求和"下拉按钮,在弹

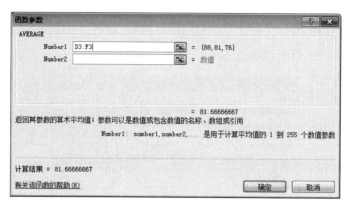

图 4-27　求平均值的"函数参数"对话框

出的下拉列表中选择"其他函数"选项打开"插入函数"对话框。

　　步骤 2：在"或选择类别"下拉列表框中选择"全部"选项,在"选择函数"列表框中选择
RANK 函数,如图 4-28 所示,单击"确定"按钮。

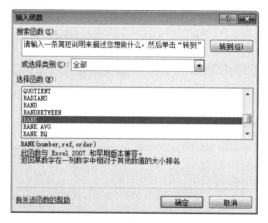

图 4-28　选择 RANK 函数

　　步骤 3：在打开的"函数参数"对话框中,在 Number 框中输入：G3(单元格相对引用),
在 Ref 框中输入：＄G＄3：＄G＄10(单元格绝对引用),在 Order 框中输入：0 或忽略,如
图 4-29 所示。

图 4-29　排位函数的"函数参数"对话框

步骤4：单击"确定"按钮。

步骤5：单击选中I3单元格右下角的复制柄，将其拖移至I10单元格，完成公式复制。

（4）计算单科平均分（保留1位小数）、单科最高分、单科最低分。

步骤1：选中D11单元格，单击编辑栏中的"插入函数"按钮打开"插入函数"对话框，在"或选择类别"下拉列表框中选择"常用函数"，在"选择函数"列表框中选择AVERAGE函数。

步骤2：单击"确定"按钮打开"函数参数"对话框。

步骤3：再次单击"确定"按钮。

步骤4：单击选中D11单元格右下角的复制柄，将其拖移至F11单元格。

步骤5：选中D11:F11单元格区域，切换至"开始"选项卡的"数字"组中单击"减少小数位数"或"增加小数位数"按钮调整小数位数为1位。

（5）使用MAX函数计算单科最高分，将其分别置于D12:F12单元格区域相应单元格中。

（6）使用MIN函数计算单科最低分，将其分别置于D13:F13单元格区域相应单元格中。

2. 将A11:C13单元格区域设置为跨列居中

步骤1：选中A11:C13单元格区域。

步骤2：在"开始"选项卡的"对齐方式"组中单击"设置单元格格式：对齐方式"按钮，打开"设置单元格格式"对话框。

步骤3：在"水平对齐"下拉列表框中选择"跨列居中"选项，在"垂直对齐"下拉列表框中选择"居中"选项，然后单击"确定"按钮，如图4-30所示。

图4-30　设置跨列居中

3. 删除"学号"列的学号，再以数字文本的形式重新输入学号

步骤1：选中B3:B10单元格区域，按Del键即可删除学号。

步骤2：选中B3单元格，输入：单撇号（'），再输入数字，如图4-31所示。

图 4-31　输入数字文本

步骤 3：按 Enter 键或单击编辑栏中的"输入"按钮。

步骤 4：选中 B4 单元格,按同样方法输入学号。

步骤 5：选中 B3、B4 单元格,将鼠标光标定位于 B4 单元格右下角的复制柄,将其拖移至 B10 单元格完成学号的填充,如图 4-32 所示。

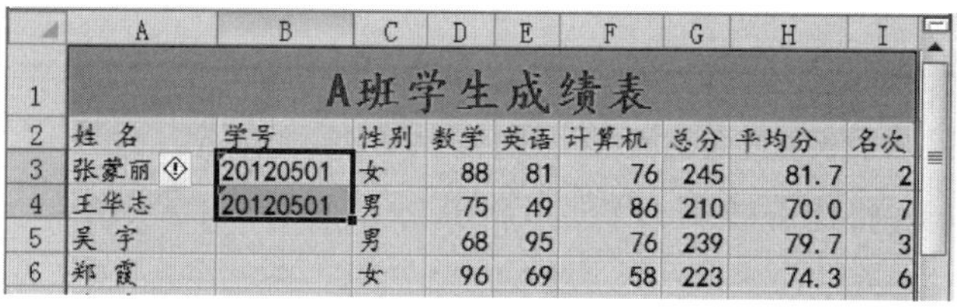

图 4-32　复制数字文本

4. 合并 G11:I13 单元格区域并加斜线

步骤 1：选中 G11:I13 单元格区域,在"开始"选项卡的"对齐方式"组中单击"设置单元格格式：对齐方式"按钮。

步骤 2：在打开的"设置单元格格式"对话框中的"对齐"选项卡下,在"文本对齐方式"栏,将"水平对齐"设置为"居中""垂直对齐"设置为"居中"；在"文本控制"栏选中"合并单元格"复选框,如图 4-33 所示。

图 4-33　"对齐"选项卡

步骤 3：切换至"边框"选项卡,选择如图 4-34 所示斜线。

步骤 4：单击"确定"按钮完成设置。

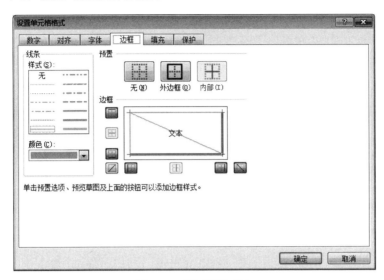

图 4-34 "边框"选项卡

5．单科不及格判定

步骤 1：选中 D3：F10 单元格区域。

步骤 2：切换至"开始"选项卡的"样式"组，单击"条件格式"下拉按钮，在弹出的下拉列表中选择"突出显示单元格规则"—"小于"选项，如图 4-35 所示。

步骤 3：在打开的"小于"对话框中的左侧文本框中输入 60，在其右侧的"设置为"下拉列表框中选择为"浅红填充色深红色文本"选项，如图 4-36 所示。然后单击"确定"按钮，不及格成绩将突出显示。

图 4-35 "条件格式"下拉列表

图 4-36 "小于"对话框

6．创建张蒙丽等 8 人的单科成绩三维柱形图，放置于"A 班成绩分析"表的 J1：S20 单元格区域；添加图表标题"A 班学生成绩图表"，字体为"楷体 16 磅 加粗 红色"，放置于图表上方；图例为课程名，显示于图表右侧，水平（类别）轴为学生姓名；图表背面墙为"渐变填充"，基底为"图案填充"中的"大棋盘"图案

步骤 1：选中姓名、数学、英语、计算机 4 列数据，在"插入"选项卡的"图表"组中，单击"柱形图"下拉按钮，在弹出的下拉列表中选择"三维柱形图"选项，如图 4-37 所示，则初始化图表创建成功，如图 4-38 所示。选中图表区，按下左键不放，将图表拖移至指定的 J1：S20

Excel 2016 电子表格软件操作

单元格区域(如果要求学生姓名为图例,则应在"图表工具-设计"选项卡的"数据"组中单击"切换行/列"按钮)。

图 4-37　选择三维柱形图

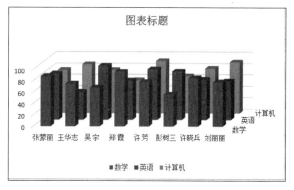

图 4-38　以课程名为图例的初始化图表

步骤 2:选中图表,单击"图表工具-设计"选项卡,在"图表布局"组中单击"添加图表元素"按钮,再单击"图表标题"→"图表上方"命令,然后在图表上方居中位置出现的框中输入标题文字"A 班学生成绩图表"并按题目要求设置字体,如图 4-39 所示。

步骤 3:在"图表布局"组中,单击"添加图表元素"按钮,再单击"图例"→"右侧"命令,图例设置成功,如图 4-40 所示。

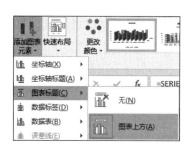

图 4-39　"图表标题"下拉列表

图 4-40　"图例"下拉列表

步骤 4:双击图表区的"背面墙"区域,打开如图 4-41 所示的"设置背景墙格式"选项框,再选择"填充与线条"→"渐变填充"单选按钮,关闭选项框,设置效果如图 4-42 所示。

步骤 5:双击图表区的"基底"区域,打开如图 4-43 所示的"设置基底格式"选项框,再选择"填充与线条"→"图案填充"中的"大棋盘"图案,关闭选项框,设置效果如图 4-44 所示。

7. 文档保存

步骤 1:单击"文件"选项卡,打开 Backstage 视图,再选择"另存为"命令,找到保存位置"实验 4.2"文件夹并双击。

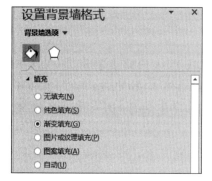

图 4-41　设置图表背面墙

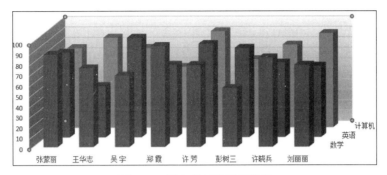

图 4-42　图表背面墙设置效果

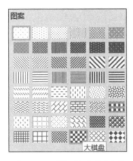

图 4-43　设置图表基底

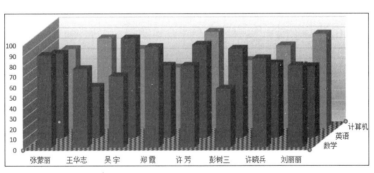

图 4-44　图表基底设置效果

步骤 2：在打开的"另存为"对话框中，在文件名文本框中输入"A 班学生考试成绩_统计结果"，单击"保存"按钮。

实验项目 4.2.2　企业人员分布统计

任务描述

进入"实验指导素材库\实验 4\实验 4.2"文件夹，打开"企业人员分布统计_原始数据"Excel 文档，在该工作簿文档中，企业人员分布统计原始数据如图 4-45 所示，将 Sheet1 工作表的 A1：D1 单元格合并为一个单元格，内容水平居中；计算职工的平均年龄置于 C13 单元格内（数值型，保留小数点后 1 位）；计算职称为高工、工程师和助工的人数置于 G5：G7 单元格区域（利用 COUNTIF 函数）。选取"职称"列（F4：F7）和"人数"列（G4：G7）数据区域的内容建立“二维饼图”,图表标题为“职称情况统计图”,设置一种“文本效果”,清除图例;绘图区设置为“渐变填充”,图表区设置为“图案填充”中的“点线 20%”图案;将图表插入到表的 A14:E22 单元格区域内,将工作表命名为“职称情况统计表”,设计样例如图 4-46 所示,也可打开 Excel 文档“企业人员分布统计_计算结果(样张)”查看。最后以“企业人员分布统计_计算结果”为 Excel 文档名保存于自己的文件夹“实验 4.2”中。

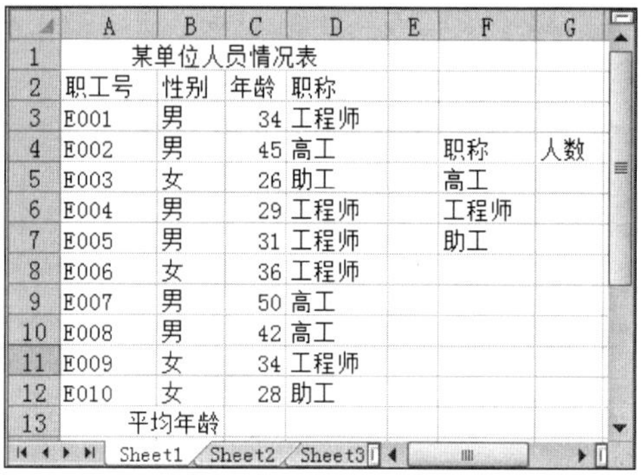

	A	B	C	D	E	F	G
1	某单位人员情况表						
2	职工号	性别	年龄	职称			
3	E001	男	34	工程师			
4	E002	男	45	高工		职称	人数
5	E003	女	26	助工		高工	
6	E004	男	29	工程师		工程师	
7	E005	男	31	工程师		助工	
8	E006	女	36	工程师			
9	E007	男	50	高工			
10	E008	男	42	高工			
11	E009	女	34	工程师			
12	E010	女	28	助工			
13		平均年龄					

图 4-45　企业人员分布统计原始数据

	A	B	C	D	E	F	G	H
1	某单位人员情况表							
2	职工号	性别	年龄	职称				
3	E001	男	34	工程师				
4	E002	男	45	高工		职称	人数	
5	E003	女	26	助工		高工	3	
6	E004	男	29	工程师		工程师	5	
7	E005	男	31	工程师		助工	2	
8	E006	女	36	工程师				
9	E007	男	50	高工				
10	E008	男	42	高工				
11	E009	女	34	工程师				
12	E010	女	28	助工				
13		平均年龄	35.5					

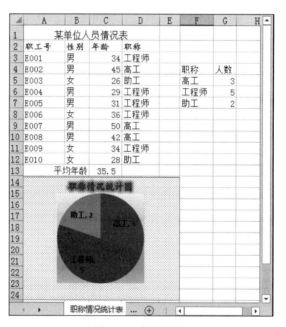

图 4-46　设计样例

操作提示

1. 合并标题行单元格

步骤 1:打开“企业人员分布统计_原始数据”Excel 文档,切换至 Sheet1 工作表,选中 A1:D1 单元格区域。

步骤 2:在“开始”选项卡的“对齐方式”组中单击“合并后居中”下拉按钮,在弹出的下拉列表中选择“合并后居中”选项即可。

2. 计算工作表中所列项目

（1）计算平均年龄。

步骤1：选中 C13 单元格。

步骤2：直接在编辑栏中单击"插入函数"按钮，在打开的"插入函数"对话框中选择 AVERAGE 函数，单击"确定"按钮，打开"函数参数"对话框，在 Number1 文本框中输入 C3：C12，单击"确定"按钮。

步骤3：切换至"开始"选项卡的"数字"组中，单击"增加小数位数"或"减少小数位数"按钮，将小数位数调整至小数点后 1 位即可（此处不用调整即满足要求）。

（2）计算各类职称的人数。

步骤1：选中 G5 单元格。

步骤2：直接在编辑栏中单击"插入函数"按钮，在打开的"插入函数"对话框中选择 COUNTIF 函数，单击"确定"按钮，打开"函数参数"对话框，在 Range 文本框中输入：＄D＄3：＄D＄12（单元格的绝对引用），在 Criteria 文本框中输入"F5"（单元格的相对引用），单击"确定"按钮，如图 4-47 和图 4-48 所示。

图 4-47　选择 COUNTIF 函数

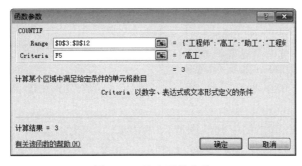

图 4-48　输入函数参数

步骤3：选中 G5 单元格右下角的复制柄，按住左键拖移至 G7 单元格完成公式复制。

3. 创建图表

步骤1：选中 F4:G7 单元格区域。

Excel 2016 电子表格软件操作

步骤 2：切换至"插入"选项卡的"图表"组中单击"插入饼图或圆环图"按钮，在弹出的下拉列表中选择"二维饼图"选项，如图 4-49 所示，则初始化图表创建成功。

步骤 3：选中图表，切换至"图表工具-设计"选项卡的"图表布局"组中单击"添加图表元素"按钮，在弹出的下拉列表中选择"图例"→"无"选项则去除图例，如图 4-50 所示。

步骤 4：选中图表，切换至"图表工具-设计"选项卡的"图表布局"组中单击"添加图表元素"按钮，在弹出的下拉列表中选择"数据标签"→"最佳匹配"选项，如图 4-51 所示。

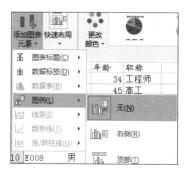

图 4-49　"饼图或圆环图"下拉列表　　　图 4-50　"添加图表元素"下拉列表

步骤 5：选中图表，切换至"图表工具-设计"选项卡的"图表布局"组中单击"添加图表元素"按钮，在弹出的下拉列表中选择"图表标题"→"图表上方"选项如图 4-52 所示，在弹出的放置标题文字的文本框中输入文字："职称情况统计图"，并切换至"图表工具-格式"选项卡的"艺术字样式"组中，选择"填充：红色 主体颜色 2；边框：红色 主体颜色 2"样式。

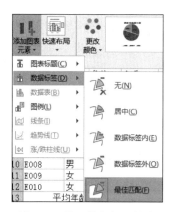
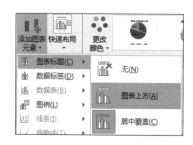

图 4-51　设置数据标签格式　　　　　图 4-52　设置图表标题

步骤 6：选中图表，双击图表的绘图区，在弹出的"设置绘图区格式"的选项框中选择"填充"中的"渐变填充"；双击图表区，在弹出的"设置图表区格式"的选项框中选择"图案填充"中的"点线 20%"图案。

步骤 7：将图表拖移至 A14:E22 单元格区域。

4. 工作表命名

步骤 1：双击工作表标签 Sheet1。

步骤 2：输入文字："职称情况统计表"，按 Enter 键即可。

5. 保存文档

步骤 1：单击"文件"选项卡，打开 Backstage 视图，选择"另存为"命令，找到保存位置"实验 4.2"文件夹并双击，打开"另存为"对话框。

步骤 2：在文件名文本框中输入"企业人员分布统计_计算结果"，单击"保存"按钮。

实验项目 4.2.3　企业产品投诉情况统计

任务描述

进入"实验指导素材库\实验 4\实验 4.2"文件夹，打开"企业产品投诉情况统计_原始数据"Excel 文档，在该工作簿文档中，企业产品投诉情况统计原始数据如图 4-53 所示，合并 Sheet1 的 A1:C1 单元格，内容水平居中，计算投诉量的"总计"行及"所占比例"列的内容，将工作表命名为"产品投诉情况表"；选取"产品投诉情况表"的"产品名称"列和"所占比例"列的单元格内容(不包括"总计"行)，建立"三维饼图"；不显示图例；数据标志为"类别名称"和"百分比"；图表标题为"产品投诉量情况图"，标题文字设置为"填充：红色，主题颜色 2；边框：红色，主题颜色 2"的艺术字样式；绘图区填充为"花束"，图表区填充为"竖条：交替垂直线"图案；插入到表的 A7:G22 单元格区域内。设计样例如图 4-54 所示，也可打开 Excel 文档"企业产品投诉情况统计_计算结果(样张)"查看。最后以"企业产品投诉情况统计_计算结果"为 Excel 文档名保存于"实验 4.2"文件夹中。

图 4-53　企业产品投诉情况统计原始数据

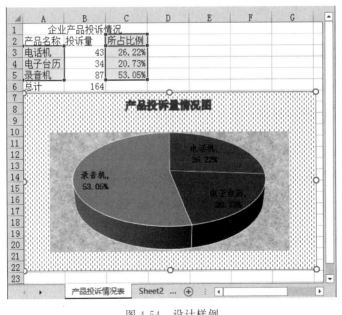

图 4-54　设计样例

操作提示

1. 合并标题行单元格

步骤 1：选中 A1:C1 单元格区域。

步骤 2：在"开始"选项卡的"对齐方式"组中单击"合并后居中"下拉按钮,在弹出的下拉列表中选择"合并后居中"选项即可。

2. 计算工作表中所列项目

(1) 计算投诉量的总计。

步骤 1：选中 B6 单元格。

步骤 2：直接单击编辑栏中的"插入函数"按钮打开"插入函数"对话框,选择 SUM 函数,单击"确定"按钮打开"函数参数"对话框,再单击"确定"按钮即可。

(2) 计算各类产品的投诉量所占比例。

步骤 1：选中 C3 单元格。

步骤 2：输入公式："=B3/＄B＄6"后按 Enter 键或单击编辑栏中的"输入"按钮,如图 4-55 所示。

步骤 3：单击选中 C3 单元格右下角的复制柄,将其拖移至 C5 单元格完成公式复制。

步骤 4：选中 C3:C5 单元格区域,切换至"开始"选项卡的"数字"组中单击"百分号％"按钮,将小数转换成百分数,并单击"增加小数位数"按钮,将百分数的小数位数调整成 2 位,如图 4-56 所示。

图 4-55 在 C3 单元格输入的公式

图 4-56 将小数转换成百分数

3. 创建图表

步骤 1：选中"产品名称"列和"所占比例"列的内容。

步骤 2：在"插入"选项卡的"图表"组中单击"饼图或圆环图"按钮,在弹出的下拉列表中选择"三维饼图"选项,如图 4-57 所示,则初始化图表创建成功。

步骤 3：选中图表,在"图表工具-设计"选项卡的"图表布局"组中单击"添加图表元素"按钮,在弹出的下拉列表中选择"图例"→"无"选项即可隐藏图例。

步骤 4：选中图表,在"图表工具-设计"选项卡的"图表布局"组中单击"添加图表元素"按钮,在弹出的下拉列表中选择"图表标题"→"图表上方"选项,在放置标题文字的文本框中输入标题文字："产品投诉量情况图";选中标题文字,切换至"图表工具-格式"选项卡的"艺术字样式"组中选择"填充:红色,主题颜色 2;边框:红色,主题颜色 2"的样式。

步骤 5：选中图表,在"图表工具-设计"选项卡的"图表布局"组中单击"添加图表元素"

按钮,在弹出的下拉列表中选择"数据标签"→"其他数据标签选项"命令,打开"设置数据标签格式"选项框,单击选中"类别名称"和"值"两项,如图 4-58 所示。双击选中数据标签区域,切换至"开始"选项卡的"字体"组,将"数据标签"的字体设置为"仿宋 11 磅 加粗"字体。

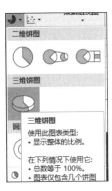

图 4-57 选择三维饼图 图 4-58 设置图表的数据标签

步骤 6:双击图表"绘图区",打开"设置绘图区格式"选项框,再选择"填充与线条"→"填充"→"图片或纹理填充"→"纹理"命令,单击"纹理"按钮右侧的下三角按钮,打开如图 4-59 所示的各类彩色面板,按题目要求选择"花束"。使用同样的方法将图表区设置为"图案填充"中的"竖条:交替垂直线"图案。

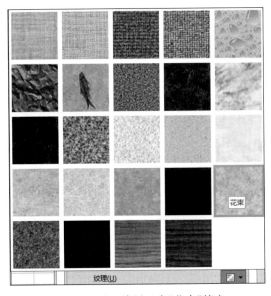

图 4-59 设置绘图区为"花束"填充

步骤 7:选中图表区,将其拖移至 A7:G22 单元格区域。

4. 工作表命名

步骤 1:双击工作表标签 Sheet1。

步骤 2:输入文字"产品投诉情况表"后按 Enter 键即可。

Excel 2016 电子表格软件操作

5. 保存文档

步骤1：单击"文件"选项卡，打开 Backstage 视图，选择"另存为"命令，双击"实验 4.2"文件夹。

步骤2：在打开的"另存为"对话框中，在文件名文本框中输入："企业产品投诉情况统计_计算结果"，单击"保存"按钮。

实验 4.3　数据的基本分析与处理

实验目的

（1）熟练掌握数据表中数据的排序。

（2）熟练掌握数据表中数据的筛选。

（3）熟练掌握数据的分类汇总。

（4）熟练掌握创建数据透视表的方法。

实验项目 4.3.1　学生成绩的排序、筛选与分类汇总

任务描述

进入"实验指导素材库\实验 4\实验 4.3"文件夹，打开"学生成绩_原始数据"Excel 文档，对数据表中的数据按如下要求进行处理，最后以"学生成绩_处理结果"为文件名保存于"实验 4.3"文件夹中。如要参考设计样例，可打开"学生成绩_处理结果（样张）"文档查看。

（1）在 Sheet1 数据表的"姓名"列右边增加"性别"列，第 1、3、5、6、9 条记录为女生，其他为男生。

（2）将 Sheet1 数据表复制到 Sheet2 中 A1 开始的单元格区域，然后将 Sheet2 中的数据按性别排列，男生在上，女生在下，性别相同的按总分降序排列，并将 Sheet2 更名为"成绩的排序"。

（3）将 Sheet1 工作表中的数据复制到 Sheet3 中 A1 开始的单元格区域，并在 Sheet3 数据表中筛选出总分小于 240 或大于 270 的女生记录，并将 Sheet3 更名为"成绩的筛选"。

（4）新插入 Sheet4 工作表，并将 Sheet1 工作表中的数据复制到 Sheet4 工作表中 A1 开始的单元格区域，然后对 Sheet4 工作表中的数据按性别分别求出男生和女生的各科平均成绩（不包括总分），要求平均成绩保留一位小数，并将 Sheet4 更名为"成绩的分类汇总"。

操作提示

进入"实验指导素材库\实验 4\实验 4.3"文件夹，打开"学生成绩_原始数据"文档。

（1）单击选中 Sheet1 工作表，按要求插入性别列。

步骤1：选中"英语"列的任意单元格。

步骤2：在"开始"选项卡的"单元格"组中单击"插入"按钮，如图 4-60 所示。

步骤3：在弹出的下拉列表中选择"插入工作表列"选项，如图 4-61 所示。

步骤4：在插入的新列中输入列标题即字段名为"性别"，然后按要求输入字段值完成插入列操作。

（2）将 Sheet1 数据表复制到 Sheet2 中，然后进行排序操作。

步骤1：框选 Sheet1 工作表中 A1:F11 单元格区域。切换至"开始"选项卡的"剪贴板"组中单击"复制"按钮。

图 4-60 "单元格"组

图 4-61 "插入"按钮下拉列表

步骤 2：单击 Sheet2 工作表标签，并选中 A1 单元格。切换至"开始"选项卡的"剪贴板"组中单击"粘贴"按钮，完成数据表复制操作。

步骤 3：选中 Sheet2 数据表中任意单元格。切换至"开始"选项卡的"编辑"组中，单击"排序和筛选"按钮，弹出下拉列表，如图 4-62 所示，单击"自定义排序"选项，打开"排序"对话框，按题目要求主要关键字选"性别"，次序选"升序"，然后单击"添加条件"按钮，弹出次要关键字列表，次要关键字选"总分"，次序选"降序"，排序依据均选"数值"，如图 4-63 所示。单击"确定"按钮关闭对话框。

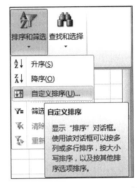

图 4-62 "排序和筛选"按钮下拉列表

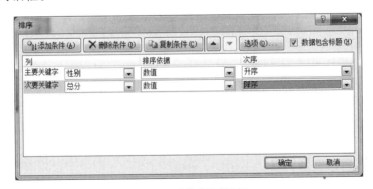

图 4-63 "排序"对话框

步骤 4：双击工作表标签名 Sheet2，然后输入文字："成绩的排序"。

（3）将 Sheet1 工作表中的数据复制到 Sheet3 中，并进行成绩的筛选。

步骤 1：按前述方法将 Sheet1 数据表中的数据复制到 Sheet3 数据表中。

步骤 2：选中 Sheet3 数据表中的任意单元格。切换至"开始"选项卡的"编辑"组中单击"排序和筛选"按钮，在下拉列表中选择"筛选"选项，此时，数据表列标题旁出现下三角按钮，此为筛选器，如图 4-64 所示。

步骤 3：单击"总分"筛选器，在下拉列表中选"数字筛选"→"小于"选项命令，打开"自定义自动筛选方式"对话框。按题目要求，设置两个条件用"或"逻辑运算符连接，如图 4-65 所示。单击"确定"按钮，即可得按"总分"字段筛选的结果，如图 4-66 所示。

实验

4

Excel 2016 电子表格软件操作

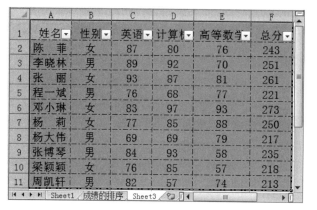

图 4-64　出现筛选器

图 4-65　针对"总分"字段的筛选

图 4-66　针对"总分"字段筛选的结果

步骤 4：单击"性别"筛选器，在弹出的下拉列表中选择"文本筛选"→"等于"选项命令，打开"自定义自动筛选方式"对话框，设置性别等于女，如图 4-67 所示。单击"确定"按钮。

步骤 5：按前述方法将 Sheet3 更名为"成绩的筛选"，双重筛选结果如图 4-68 所示。

图 4-67　针对"性别"字段的筛选

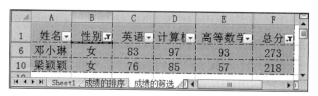

图 4-68　双重筛选结果

（4）新插入 Sheet4 工作表，完成数据的复制和成绩的分类汇总。

步骤 1：单击工作表标签右侧的“新工作表”按钮插入新工作表，并将其更名为“成绩的分类汇总”。

步骤 2：按前述方法将 Sheet1 数据表中的数据复制到当前的新数据表中。

步骤 3：选中“性别”列任意单元格，切换至“数据”选项卡的“排序和筛选”组中，单击升序按钮，实现数据表按性别分类排列。

步骤 4：选中当前数据表中的任意单元格，在“数据”选项卡的“分级显示”组中单击“分类汇总”按钮，打开“分类汇总”对话框。

步骤 5：在“分类字段”列表框中选择“性别”选项，在“汇总方式”列表框中选择“平均值”，在“选定汇总项”列表框中撤销勾选“总分”复选框，勾选“英语”“计算机”和“高等数学”复选框，如图 4-69 所示。

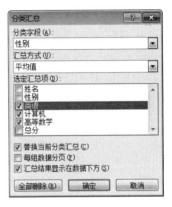

图 4-69 “分类汇总”对话框

步骤 6：然后，单击“确定”按钮关闭对话框，数据经过分类汇总后，显示效果如图 4-70 所示。

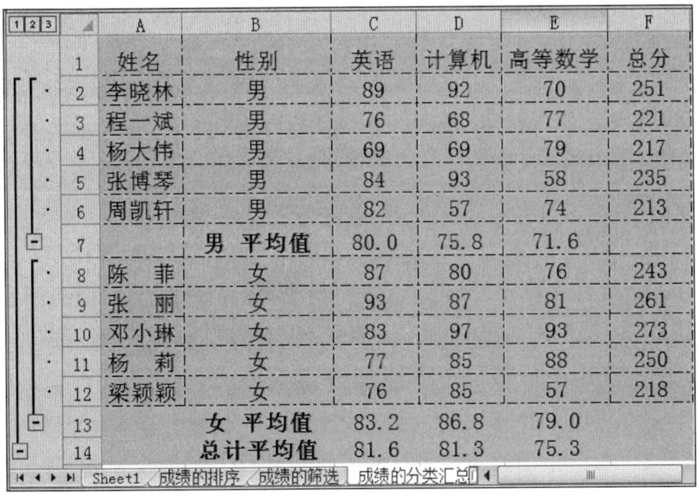

	A	B	C	D	E	F
1	姓名	性别	英语	计算机	高等数学	总分
2	李晓林	男	89	92	70	251
3	程一斌	男	76	68	77	221
4	杨大伟	男	69	69	79	217
5	张博琴	男	84	93	58	235
6	周凯轩	男	82	57	74	213
7		男 平均值	80.0	75.8	71.6	
8	陈　菲	女	87	80	76	243
9	张　丽	女	93	87	81	261
10	邓小琳	女	83	97	93	273
11	杨　莉	女	77	85	88	250
12	梁颖颖	女	76	85	57	218
13		女 平均值	83.2	86.8	79.0	
14		总计平均值	81.6	81.3	75.3	

图 4-70 分类汇总效果

说明：单击分类汇总数据表左上角的控制按钮数据表 1 2 3 中的数据将分级显示。

实验项目 4.3.2 为图书销售数据创建数据透视表

任务描述

进入“实验指导素材库\实验 4\实验 4.3”文件夹，打开“某图书销售公司销售图书_原始数据”文档，该文档中“图书销售情况表”部分数据如图 4-71 所示，要求对数据清单的内容建立数据透视表，按行为“图书类别”，列为“经销部门”，数据为“销售额”求和布局，并置于该数据表的 H2:L7 单元格区域，工作表名不变，最后以“某图书销售公司销售图书_处理结果”为

文件名保存于"实验 4.3"文件夹中。设计样例如图 4-72 所示,也可打开"某图书销售公司销售图书_处理结果(样张)"文档查看。

	A	B	C	D	E	F
1	某图书销售公司销售情况表					
2	经销部门	图书类别	季度	数量(册)	销售额(元)	销售量排名
3	第3分部	计算机类	3	124	8680	42
4	第3分部	少儿类	2	321	9630	20
5	第1分部	社科类	2	435	21750	5
6	第2分部	计算机类	2	256	17920	26
7	第2分部	社科类	1	167	8350	40
8	第3分部	计算机类	4	157	10990	41
9	第1分部	计算机类	4	187	13090	38
10	第3分部	社科类	4	213	10650	32
11	第2分部	计算机类	4	196	13720	36
12	第2分部	社科类	4	219	10950	30
13	第2分部	计算机类	3	234	16380	28
14	第2分部	计算机类	1	206	14420	35
15	第2分部	社科类	2	211	10550	34
16	第3分部	社科类	3	189	9450	37
17	第2分部	少儿类	1	221	6630	29

图书销售情况表 Sheet2 Sheet3

图 4-71 "图书销售情况表"部分数据

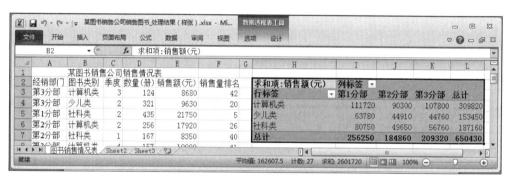

图 4-72 设计样例

操作提示

步骤 1:进入实验 4.3 文件夹,双击"某图书销售公司销售图书_原始数据"文档,选中数据表中的任意单元格,在"插入"选项卡的"表格"组中单击"数据透视表"按钮,如图 4-73 所示,打开"创建数据透视表"对话框。

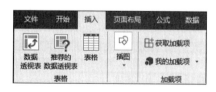

图 4-73 "插入"选项卡的"表格"组

步骤 2:在"请选择要分析的数据"栏,选中"选择一个表或区域"单选按钮,此时在"表格/区域"文本框中已选中需要创建数据透视表的数据(步骤 1 已选)。

步骤 3:在"选择放置数据透视表的位置"栏,选中"现有工作表"单选按钮,然后在"位置"文本框输入或选中放置数据透视表的区域,这里是 \$H\$2:\$L\$7 单元格区域,如图 4-74 所示;然后单击"确定"按钮,弹出"数据透视表字段列表"任务窗格。

步骤 4:在任务窗格中,分别拖动字段名"图书类别""经销部门"和"销售额"到"行标签"栏、"列标签"栏和求和"Σ"栏,如图 4-75 所示。最后单击任务窗格右上角的关闭按钮,完成数据透视表的创建。

步骤 5：将文档以"某图书销售公司销售图书_处理结果"为文件名保存于"实验 4.3"文件夹中。

图 4-74　"创建数据透视表"对话框　　　图 4-75　"数据透视表字段列表"任务窗格

※实验 4.4　数据的综合分析与处理

实验目的

（1）进一步掌握工作表的格式化操作。

（2）进一步掌握数据的计算与创建复杂图表的方法。

（3）掌握在数据表中引用复杂函数完成数据的计算、查询、分析与统计。

（4）熟练掌握跨数据表的数据操作。

实验项目 4.4.1　图书销售数据的分析与统计

任务描述

小李今年毕业后，在一家计算机图书销售公司担任市场部助理，主要的工作职责是为部门经理提供销售信息分析和汇总。

具体操作：进入"实验指导素材库\实验 4\实验 4.4"文件夹中，打开"图书销售情况_原始数据"Excel 文档，该文档中"订单明细表"部分数据如图 4-76 所示，请你根据销售数据报表，按照如下要求完成分析和统计工作，最后以"图书销售情况_分析和统计结果"为文件名保存于自己的文件夹"实验 4.4"中。设计样例如图 4-77 所示，也可打开"图书销售情况_分析和统计结果（样张）"Excel 文档查看。

（1）请对"订单明细"工作表进行格式调整，通过套用表格格式方法将所有的销售记录调整为一致的外观格式，并将"单价"列和"小计"列所包含的单元格调整为"会计专用"（人民币）数字格式。

（2）根据图书编号，请在"订单明细"工作表的"图书名称"列中，用 VLOOKUP 函数完成图书名称的自动填充。"图书名称"和"图书编号"的对应关系在"编号对照"工作表中。

（3）根据图书编号，请在"订单明细"工作表的"单价"列中，使用 VLOOKUP 函数完成图书单价的自动填充。"单价"和"图书编号"的对应关系在"编号对照"二作表中。

（4）在"订单明细"工作表的"小计"列中，计算每笔订单的销售额。

（5）根据"订单明细"工作表中的销售数据，统计所有订单的总销售金额，并将其填写在"统计报告"工作表的 B3 单元格中。

（6）根据"订单明细"工作表中的销售数据，统计《MS Office 高级应用》图书在 2012 年的总销售额，并将其填写在"统计报告"工作表的 B4 单元格中。

（7）根据"订单明细"工作表中的销售数据，统计隆华书店在 2011 年第三季度的总销售额，并将其填写在"统计报告"工作表的 B5 单元格中。

（8）根据"订单明细"工作表中的销售数据，统计隆华书店在 2011 年的每月平均销售额（保留 2 位小数），并将其填写在"统计报告"工作表的 B6 单元格中。

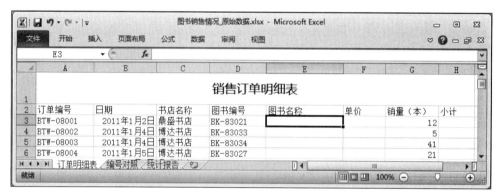

图 4-76　订单明细表部分数据

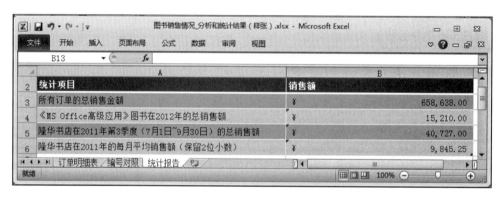

图 4-77　统计报告

操作提示

进入"实验 4.4"文件夹中，打开"图书销售情况_原始数据"Excel 文档。

（1）对"订单明细"工作表进行格式调整。

步骤 1：选中工作表中的 A2:H636 单元格区域，在"开始"选项卡的"样式"组中单击"套用表格格式"按钮，在弹出的下拉列表中选择一种表样式，这里我们选择"红色 表样式浅色 10"选项，如图 4-78 所示，弹出"套用表格式"对话框，如图 4-79 所示，保留默认设置后单击"确定"按钮即可。

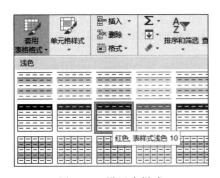

图 4-78　设置表样式

图 4-79　"套用表格式"对话框

步骤 2：选中"单价"列和"小计"列，右击鼠标，在弹出的快捷菜单中选择"设置单元格格式"命令，继而弹出"设置单元格格式"对话框。在"数字"选项卡下的"分类"组中选择"会计专用"命令，然后单击"货币符号(国家/地区)"下拉列表选择 CNY，如图 4-80 所示。格式化设置效果如图 4-81 所示。

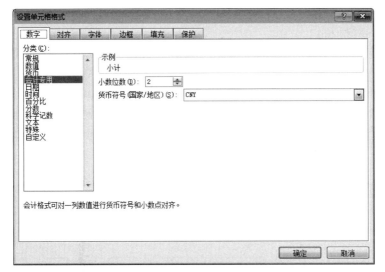

图 4-80　设置"单价"列和"小计"列的数据格式为会计专用

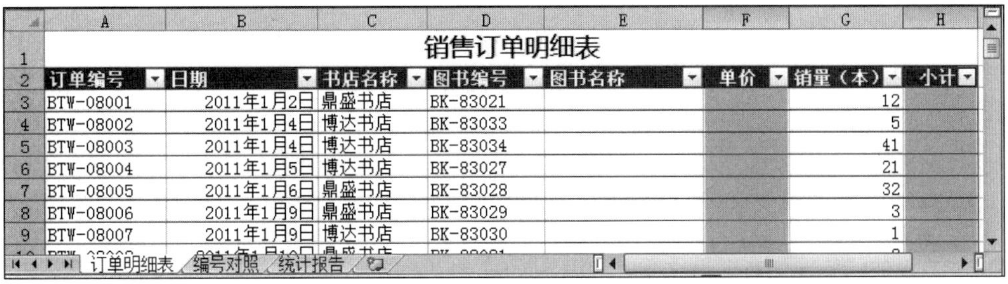

	A	B	C	D	E	F	G	H
1				销售订单明细表				
2	订单编号	日期	书店名称	图书编号	图书名称	单价	销量（本）	小计
3	BTW-08001	2011年1月2日	鼎盛书店	BK-83021			12	
4	BTW-08002	2011年1月4日	博达书店	BK-83033			5	
5	BTW-08003	2011年1月4日	博达书店	BK-83034			41	
6	BTW-08004	2011年1月5日	博达书店	BK-83027			21	
7	BTW-08005	2011年1月6日	鼎盛书店	BK-83028			32	
8	BTW-08006	2011年1月9日	鼎盛书店	BK-83029			3	
9	BTW-08007	2011年1月9日	博达书店	BK-83030			1	

订单明细表　编号对照　统计报告

图 4-81　对"订单明细"工作表进行格式调整后的效果

（2）用 VLOOKUP 函数完成图书名称的自动填充。

步骤 1：在"订单明细表"工作表的 E3 单元格中输入"＝VLOOKUP(D3,编号对照!＄A＄3：＄C＄19,2,FALSE)"，按 Enter 键完成订单编号为 BTW-08001 的图书名称自动填充，如图 4-82 所示。

步骤 2：拖动 E3 单元格右下角的复制柄到 E636 单元格完成所有订单编号的图书名称填充。

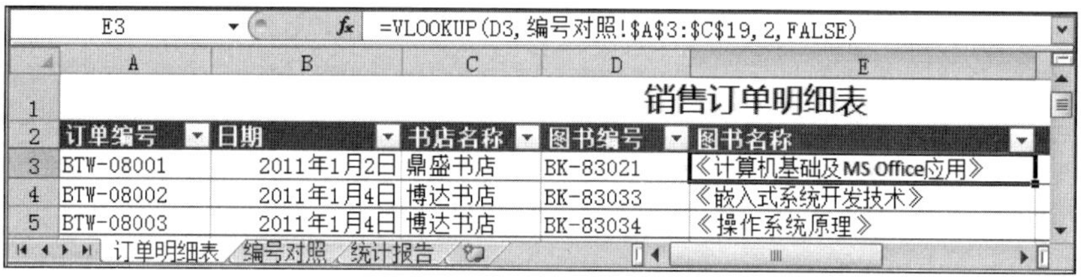

图 4-82　用 VLOOKUP 函数完成图书名称的自动填充

（3）用 VLOOKUP 函数完成图书单价的自动填充。

步骤 1：在"订单明细表"工作表的 F3 单元格中输入"＝VLOOKUP(D3,编号对照!＄A＄3：＄C＄19,3,FALSE)"，按 Enter 键完成订单编号为 BTW-08001 的图书单价的自动填充，如图 4-83 所示。

步骤 2：拖动 F3 单元格右下角的复制柄到 F636 单元格完成所有订单编号的图书单价填充。

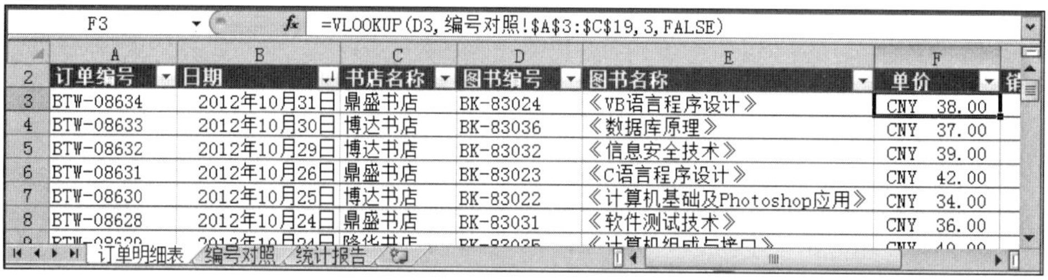

图 4-83　用 VLOOKUP 函数完成图书单价的自动填充

（4）在"订单明细"工作表的"小计"列中，计算每笔订单的销售额。

步骤 1：在"订单明细表"工作表的 H3 单元格中输入"＝F3＊G3"，按 Enter 键完成订单编号为 BTW-08001 订单的销售额计算。

步骤 2：拖动 H3 单元格右下角的复制柄到 H636 单元格完成全部订单销售额的计算，如图 4-84 所示。

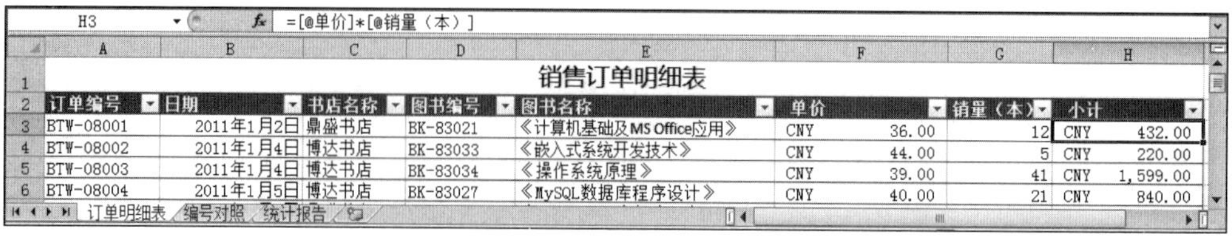

图 4-84　根据单价和销量计算每笔订单的销售额

（5）统计所有订单的总销售金额，并将其填写在"统计报告"工作表的 B3 单元格中。

步骤 1：在"统计报告"工作表中的 B3 单元格输入"＝SUM(订单明细表!H3:H636)"，按 Enter 键后完成销售额的自动填充，如图 4-85 所示。

步骤 2：分别单击选中 B4、B5 和 B6 单元格右下角的填充柄，然后向内拖动清除单元格数据，效果如图 4-86 所示。

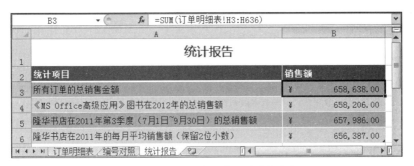

图 4-85　统计所有订单的总销售金额

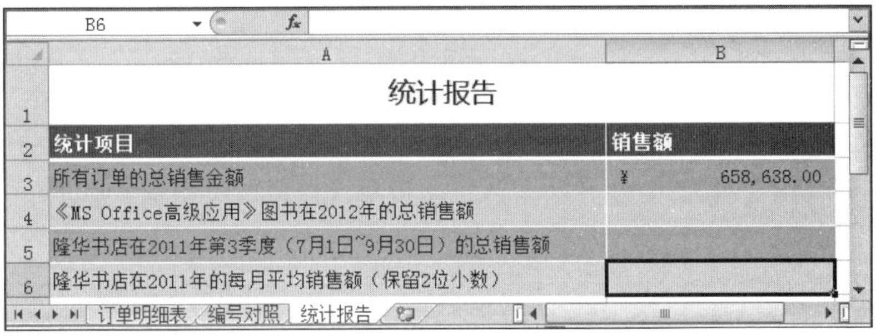

图 4-86　清除 B4:B6 单元格区域的填充数据

（6）统计《MS Office 高级应用》图书在 2012 年的总销售额，并将其填写在"统计报告"工作表的 B4 单元格中。

步骤 1：在"订单明细表"工作表中，右击"日期"单元格，在弹出的快捷菜单中选择"排序"→"降序"选项命令。

步骤 2：切换至"统计报告"工作表，在 B4 单元格中输入"＝SUMPRODUCT(1 *(订单明细表!E3:E262="《MS Office 高级应用》")，订单明细表!H3:H262)"，按 Enter 键确认。B4 单元格的填写效果如图 4-87 所示。

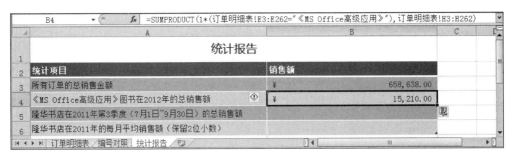

图 4-87　统计《MS Office 高级应用》图书在 2012 年的总销售额

Excel 2016 电子表格软件操作

（7）统计隆华书店在 2011 年第三季度的总销售额，并将其填写在"统计报告"工作表的 B5 单元格中。

步骤 1：在"统计报告"工作表的 B5 单元格中输入"＝SUMPRODUCT(1 * (订单明细表!C350:C461="隆华书店"),订单明细表!H350:H461)"。

步骤 2：按 Enter 键确认，B5 单元格的填写效果如图 4-88 所示。

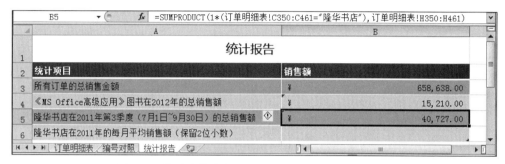

图 4-88　统计隆华书店在 2011 年第三季度的总销售额

（8）统计隆华书店在 2011 年的每月平均销售额（保留 2 位小数），并将其填写在"统计报告"工作表的 B6 单元格中。

步骤 1：在"统计报告"工作表的 B6 单元格中输入"＝SUMPRODUCT(1 * (订单明细表!C263:C636="隆华书店"),订单明细表!H263：H636)/12"。

步骤 2：按 Enter 键确认，然后设置该单元格格式保留两位小数。B6 单元格的填写效果如图 4-89 所示。

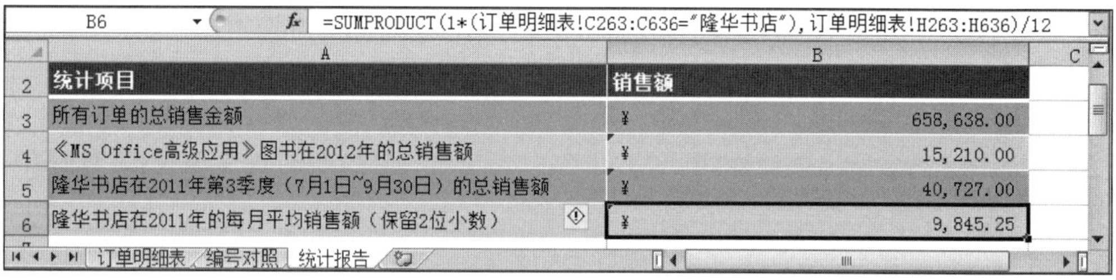

图 4-89　统计隆华书店在 2011 年的每月平均销售额（保留 2 位小数）

（9）文档的保存。

最后将文档以"图书销售情况_分析和统计结果"为文件名保存于"实验 4.4"文件夹中。

实验项目 4.4.2　个人开支明细数据的分析与整理

任务描述

小赵是一名参加工作不久的大学生。他习惯使用 Excel 表格来记录每月的个人开支情况，在 2013 年底，小赵将每月各类支出的明细数据录入了文件名为"开支明细表_原始数据"的 Excel 工作簿文档中。请你根据下列要求帮助小赵对明细表进行整理和分析，最后以"开支明细表_分析整理结果"为文件名保存于"实验 4.4"文件夹中。开支明细表原始数据如图 4-90 所示，设计样例如图 4-91 和图 4-92 所示，也可打开"开支明细表_分析整理结果（样张）"文档查看。

(1) 进入"实验指导素材库\实验 4\实验 4.4"文件夹中,打开"开支明细表_原始数据"文档,在工作表"小赵的美好生活"的第一行添加表标题"小赵 2013 年开支明细表",并通过合并单元格,放于整个表的上端、居中。

(2) 将工作表应用一种主题,并增大字号,适当加大行高列宽,设置居中对齐方式,除表标题"小赵 2013 年开支明细表"外为工作表分别增加恰当的边框和底纹,以使工作表更加美观。

(3) 将每月各类支出及总支出对应的单元格数据类型都设为"货币"类型,无小数、有人民币货币符号。

(4) 通过函数计算每个月的总支出、各个类别月均支出、每月平均总支出,并按每个月总支出升序对工作表进行排序。

(5) 利用"条件格式"功能:将月单项开支金额中大于 1000 元的数据所在单元格以不同的字体颜色与填充颜色突出显示;将月总支出额中大于月均总支出 110%的数据所在单元格以另一种颜色显示,所用颜色浅深以不遮挡数据为宜。

(6) 在"年月"与"服装服饰"列之间插入新列"季度",数据根据月份由函数生成,例如:1 至 3 月对应"1 季度",4 至 6 月对应"2 季度"。

(7) 复制工作表"小赵的美好生活",将副本放置到原表右侧;改变该副本表标签的颜色,并重命名为"按季度汇总";删除"月均开销"对应行。

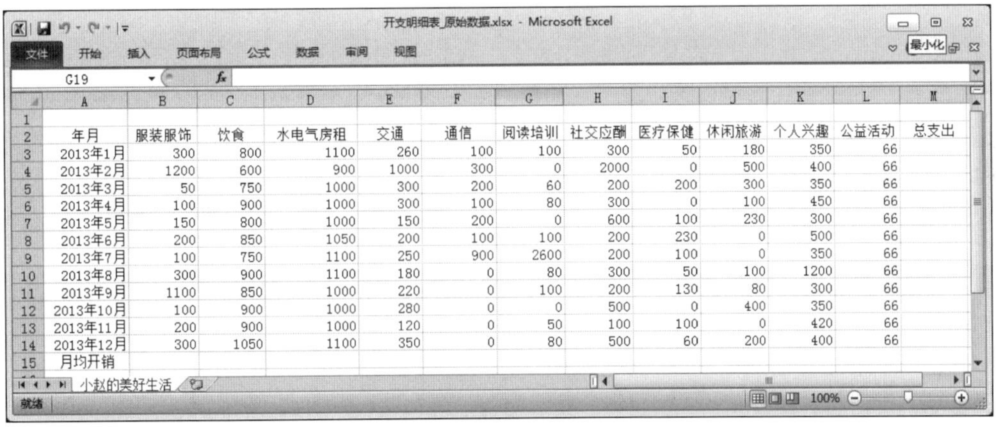

	A	B	C	D	E	F	G	H	I	J	K	L	M
1													
2	年月	服装服饰	饮食	水电气房租	交通	通信	阅读培训	社交应酬	医疗保健	休闲旅游	个人兴趣	公益活动	总支出
3	2013年1月	300	800	1100	260	100	100	300	50	180	350	66	
4	2013年2月	1200	600	900	1000	300	0	2000	0	500	400	66	
5	2013年3月	50	750	1000	300	200	60	200	200	300	350	66	
6	2013年4月	100	900	1000	300	100	80	300	0	100	450	66	
7	2013年5月	150	800	1000	150	200	0	600	100	230	300	66	
8	2013年6月	200	850	1050	200	100	100	200	230	0	500	66	
9	2013年7月	100	750	1100	250	900	2600	200	100	0	350	66	
10	2013年8月	300	900	1100	180	0	80	300	50	100	1200	66	
11	2013年9月	1100	850	1000	220	0	100	200	130	80	300	66	
12	2013年10月	100	900	1000	280	0	0	500	0	400	350	66	
13	2013年11月	200	900	1000	120	0	50	100	100	0	420	66	
14	2013年12月	300	1050	1100	350	0	80	500	60	200	400	66	
15	月均开销												

图 4-90　开支明细表原始数据

(8) 通过分类汇总功能,按季度升序求出每个季度各类开支的月均支出金额。

(9) 在"按季度汇总"工作表后面新建名为"折线图"的工作表,在该工作表中以分类汇总结果为基础,创建一个带数据标记的折线图,水平轴标签为各类开支,对各类开支的季度平均支出进行比较,给每类开支的最高季度月均支出值添加数据标签。

操作提示

(1) 合并单元格并输入表标题。

步骤 1:进入"实验指导素材库\实验 4\实验 4.4"文件夹中,打开"开支明细表_原始数据"Excel 文档。

步骤 2:在"小赵的美好生活"工作表中选择 A1:M1 单元格区域。

步骤 3:在"开始"选项卡的"对齐方式"组中单击"合并后居中"按钮,在弹出的下拉列表

图 4-91　"按季度汇总"数据表

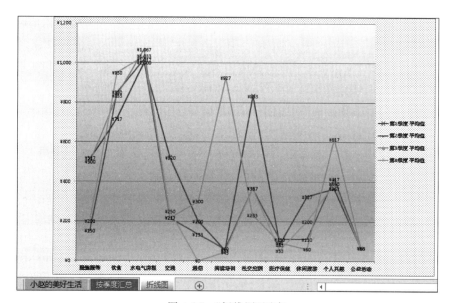

图 4-92　"折线图"图表

中再次选择"合并后居中"选项,然后输入"小赵 2013 年开支明细表"文字,按 Enter 键完成输入。并设置为楷体、20 磅、加粗、深红色字体。

(2) 对工作表进行格式化。

步骤 1:选择工作表标签,右击,在弹出的快捷菜单中选择"工作表标签颜色"命令,为工作表标签添加"橙色"主题。

步骤 2:选择 A1 单元格,切换至"开始"选项卡的"单元格"组中通过单击"格式"下拉按钮,将"行高"设置为"30"。选择 A2:M15 单元格区域,将"字号"设置为"12",将"行高"设置为 20。将 A2:M2 单元区域的字形加粗。

步骤 3:选择 A2:M15 单元格区域,切换至"开始"选项卡的"对齐方式"组中,单击"设置单元格格式:对齐方式"按钮,打开"设置单元格格式"对话框,在"对齐"选项卡下将"水平对齐""垂直对齐"均设置为"居中",如图 4-93 所示。

步骤 4:切换至"边框"选项卡,选择默认线条样式,将颜色设置为"标准色"中的"红色",在"预置"选项组中单击"外边框"和"内部"按钮,如图 4-94 所示。

步骤 5:切换至"填充"选项卡,选择一种背景颜色,此处选择浅绿色,如图 4-95 所示,单击"确定"按钮。

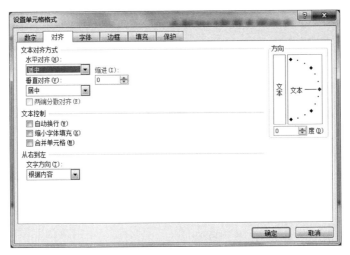

图 4-93　设置单元格居中

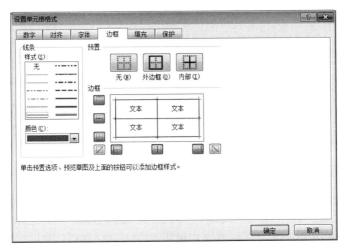

图 4-94　设置表格边框

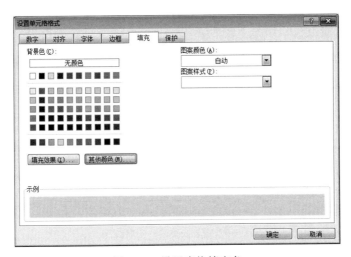

图 4-95　设置表格填充色

（3）设置各类支出及总支出对应的单元格数据类型。

步骤1：选择C3：M15单元格区域，在选定内容上右击，在弹出的快捷菜单中选择"设置单元格格式"命令。

步骤2：在弹出的"设置单元格格式"对话框中，切换至"数字"选项卡，在"分类"框中选择"货币"，将"小数位数"设置为"0"，选择"货币符号"为人民币符号"￥"，单击"确定"按钮，如图4-96所示。

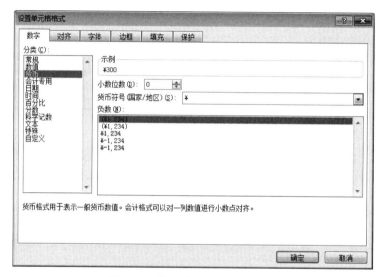

图4-96　设置单元格的数字格式

（4）计算所列项目及排序。

步骤1：选择M3单元格，输入公式"＝SUM(B3：L3)"后按Enter键确认，拖动M3单元格的填充柄填充至M14单元格；选择B15单元格，输入公式"＝AVERAGE(B3：B14)"后按Enter键确认，拖动B15单元格的填充柄填充至M15单元格。

步骤2：选择A2：M14单元格区域，切换至"数据"选项卡的"排序和筛选"组中单击"排序"按钮，弹出"排序"对话框，"主要关键字"选择"总支出"，"排序依据"选择"数值""次序"选择"升序"，单击"确定"按钮，如图4-97所示。

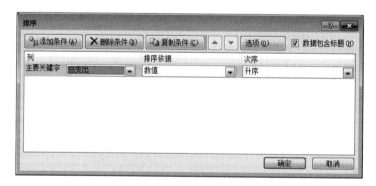

图4-97　按月总支出升序排序

（5）利用"条件格式"功能突出显示满足条件的单元格。

步骤 1：选择 B3：L14 单元格区域，切换至"开始"选项卡的"样式"组中单击"条件格式"按钮，在弹出的下拉列表中选择"突出显示单元格规则"→"大于"选项，如图 4-98 所示，打开"大于"对话框，在"为大于以下值的单元格设置格式"文本框中输入"1000"，使用默认设置"浅红填充色深红色文本"，单击"确定"按钮，如图 4-99 所示。

图 4-98 "条件格式"下拉列表

图 4-99 "大于"对话框一

步骤 2：选择 M3：M14 单元格区域，切换至"开始"选项卡的"样式"组中单击"条件格式"下拉按钮，在弹出的下拉列表中选择"突出显示单元格规则"→"大于"选项，打开"大于"对话框，在"为大于以下值的单元格设置格式"文本框中输入"＝＄M＄15＊110％"，设置颜色为"黄填充色深黄色文本"，单击"确定"按钮，如图 4-100 所示。

图 4-100 "大于"对话框二

（6）在"年月"与"服装服饰"列之间插入新列"季度"，季度值由函数生成。

步骤 1：选择 B 列任意单元格，在"开始"选项卡的"单元格"组中单击"插入"按钮，在弹出的下拉列表中选择"插入工作表列"选项，如图 4-101 所示，则新插入一列，选择 B2 单元格，输入文字"季度"。

步骤 2：选择 B3 单元格，输入"＝"第"&INT(1＋(MONTH(A3)－1)/3)&"季度""，按 Enter 键确认，拖动 B3 单元格的填充柄至 B14 单元格。

（7）复制工作表，将副本放置到原表右侧。

步骤 1：在"小赵的美好生活"工作表标签处右击，在弹出的快捷菜单中选择"移动或复制"命令，在弹出的对话框中勾选"建立副本"复选框，在"下列选定工作表之前"中选择"(移至最后)"，单击"确定"按钮，如图 4-102 所示。

图 4-101 "插入"下拉列表

步骤 2：在"小赵的美好生活(2)"标签处右击，在弹出的快捷菜单中选择"工作表标签颜色"命令，为工作表标签添加"红色"主题。

步骤 3：在"小赵的美好生活(2)"标签处右击，选择"重命名"命令，输入文本"按季度汇总"；选中"按季度汇总"工作表的第 15 行任意单元格，切换至"开始"选项卡的"单元格"组中，单击"删除"下拉按钮，在弹出的下拉列表中选择"删除工作表行"命令，则第 15 行被删除，如图 4-103 所示。

实验

4

图 4-102　移动和复制工作表　　　　图 4-103　删除工作表行

图 4-104　"分类汇总"对话框

数据标记的折线图。

步骤 1：单击"按季度汇总"工作表左上角的标签数字"2"(在全选按钮左侧)，如图 4-105 所示。图中仅显示每个季度平均值和总计平均值。

（8）按季度分类汇总。

步骤 1：选择"按季度汇总"工作表，选中"季度"列任意单元格，在"数据"选项卡的"排序和筛选"组中单击"升序"按钮。

步骤 2：选中 A2：N14 单元格区域。切换至"数据"选项卡的"分级显示"组中单击"分类汇总"按钮，打开"分类汇总"对话框，在"分类字段"中选择"季度"、在"汇总方式"中选择"平均值"，在"选定汇总项"中不勾选"年月""季度""总支出"，其余全选，单击"确定"按钮，如图 4-104 所示。

（9）新建名为"折线图"的工作表，创建一个带

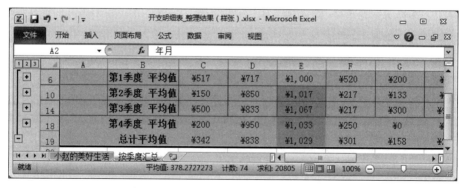

图 4-105　每个季度平均值和总计平均值

步骤 2：选择 B2：M18 单元格区域，切换至"插入"选项卡的"图表"组中单击"插入折线图或面积图"按钮，在弹出的下拉列表中选择"带数据标记的折线图"，如图 4-106 所示。生成的初始化图表如图 4-107 所示。

步骤 3：选中图表，切换至"图表工具-设计"选项卡的"数据"组中，单击"切换行/列"按

钮,将图例转换成为每个季度平均值,如图 4-108 和图 4-109 所示。

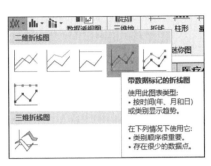

图 4-106 "折线图"下拉列表

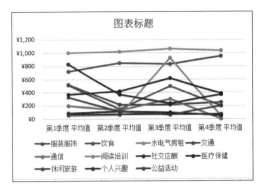

图 4-107 创建的初始化折线图

图 4-108 "图表工具-设计"选项卡的
"数据"组

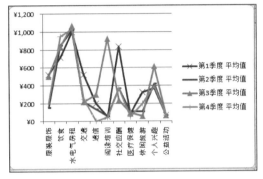

图 4-109 将每个季度平均值转换成为图例后的显示效果

步骤 4：双击图表的绘图区,弹出"设置绘图区格式"选项框,选择"填充"中的"渐变填充",如图 4-110 所示；双击图表区,弹出"设置图表区格式"选项框,选择"图案填充"中的"点线 20%"图案,如图 4-111 所示。

图 4-110 设置绘图区为"渐变填充"

图 4-111 设置图表区为"图案填充"

步骤 5：在"图表工具-设计"选项卡的"位置"组中，如图 4-112 所示，单击"移动图表"按钮，在弹出"移动图表"对话框中，选中"新工作表"单选按钮，输入图表名称"折线图"，单击"确定"按钮，如图 4-113 所示。

图 4-112 "图表工具-设计"选项卡的"位置"组

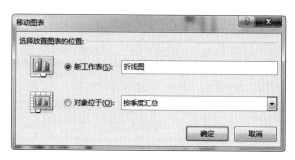

图 4-113 新建"折线图"图表

图 4-114 "移动或复制工作表"对话框

步骤 6：为"折线图"图表标签，添加"蓝色"主题；在标签处右击，选择"移动或复制"命令，弹出"移动或复制工作表"对话框，在"下列选定工作表之前"中选择"移至最后"，单击"确定"按钮，如图 4-114 所示。

步骤 7：选中图表，在"图表工具-设计"选项卡的"图表布局"组中单击"添加图表元素"按钮，在弹出的下拉列表中选择"数据标签"→"居中"选项，如图 4-115 所示。

步骤 8：隐藏图表标题。选中图表，在"图表工具-设计"选项卡的"图表布局"组中单击"添加图表元素"按钮，在弹出的下拉列表中选择"图表标题"→"无"选项，如图 4-116 所示。

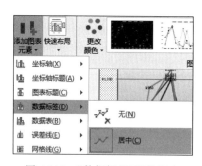

图 4-115 "数据标签"下拉列表

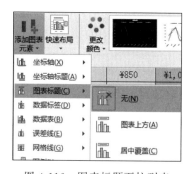

图 4-116 图表标题下拉列表

（10）保存文档。

全部操作完成后，以"开支明细表_分析整理结果"为 Excel 文档名保存于"实验 4.4"文件夹中。

实验 5 PowerPoint 2016 演示文稿软件操作

实验 5.1 演示文稿的基本操作和设计

【实验目的】

（1）掌握新建、保存、打开演示文稿的方法。

（2）掌握插入、删除、移动、复制幻灯片的方法。

（3）学会选择合适的幻灯片版式；学会应用主题和模板；能熟练地进行文本的输入与编辑；掌握设置幻灯片背景的方法。

（4）掌握插入剪贴画、图片、自选图形等常见多媒体信息的方法。

（5）掌握设置幻灯片切换效果、自定义动画和应用超链接的方法。

（6）学会设置演示文稿的放映方式并熟练掌握放映演示文稿的方法。

实验项目 5.1.1 设计制作"张三的个人简历-静态演示文稿"

任务描述

按图 5-1 所示的设计样例设计制作一个演示文稿，最后以"张三的个人简历-静态演示文稿"为文件名保存到自己的文件夹中。设计所需的图片、文字和表格素材均保存在"实验指导素材库\实验 5"下的"实验 5.1"文件夹中，如果要详知设计样例，可以在"实验 5.1"文件夹中打开"张三的个人简历-静态演示文稿（样张）"文档查看。

图 5-1 静态演示文稿设计样例

操作提示

（1）新建一个演示文稿，要求应用一种主题或设置一种背景。

步骤1：启动 PowerPoint 2016 后，系统一般会自动新建一个空白演示文稿，名为"演示文稿1"。

步骤2：按设计样例要求需要设置幻灯片的背景为"花束"。在"设计"选项卡的"自定义"组中单击"设置背景格式"按钮，在窗口右侧弹出"设置背景格式"选项框，在该选项框的"填充"栏中选中"图片或纹理填充"单选按钮，再选择"纹理"→"花束"选项，如图5-2所示。

步骤3：在"设置背景格式"选项框中单击"全部应用"按钮，如图5-3所示，然后单击"关闭"按钮，关闭"设置背景格式"选项框。

图 5-2　填充选择"纹理"→"花束"

图 5-3　单击"全部应用"按钮

（2）首、末两张幻灯片的"标题"为同一种样式的艺术字，"副标题"字体均为隶书、36磅、加粗、深蓝色。

【分析】　首、末幻灯片只有标题和副标题，所以均需插入"标题幻灯片"版式的幻灯片。

步骤1：新建的演示文稿默认有一张标题幻灯片，在标题占位符中输入文字"个人简历"，在副标题占位符中输入："——张三"。

步骤2：选中标题文字"个人简历"，切换至"插入"选项卡的"文本"组中单击"艺术字"按钮，在弹出的下拉列表中选择第1行第3列"填充·橙色，着色2，轮廓·着色2"的艺术字样式，如图5-4所示。

步骤3：删除原标题占位符及文字，然后选中艺术字，单击"绘图工具-格式"选项卡，在"艺术字样式"组中单击"文本效果"按钮，在弹出的下拉列表中选择"转换"→"倒V形"选项，如图5-5所示。

步骤4：选中艺术字，适当调整其大小和位置；选中副标题文字，将其字体设置为隶书、36磅、加粗、深蓝色。

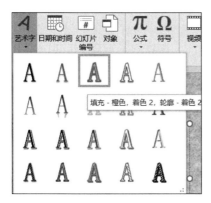

图 5-4 选择艺术字样式

图 5-5 "文本效果"下拉列表

步骤 5：切换至"开始"选项卡的"幻灯片"组中单击"新建幻灯片"按钮，在弹出的下拉列表中选择"标题幻灯片"选项，如图 5-6 所示，插入一张新的标题幻灯片。

步骤 6：按照前述方法将标题文字"谢谢大家"设置为同样的艺术字样式，只是在"文本效果"下拉列表中选择"转换"→"下弯弧"选项，如图 5-7 所示，然后适当调整艺术字的大小和位置。

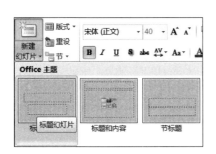

图 5-6 "新建幻灯片"下拉列表

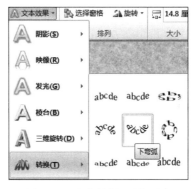

图 5-7 "文本效果"下拉列表

步骤 7：在副标题占位符中输入文字："单击此处给我发邮件"并将字体设置为隶书、36磅、加粗、深蓝色。

（3）按设计样例制作第 2 张幻灯片。

【分析】 第 2 张幻灯片包含标题、横排文本和剪贴画，所以需要插入"标题和内容"版式的幻灯片。

步骤 1：选中第 1 张幻灯片，切换至"开始"选项卡的"幻灯片"组中单击"新建幻灯片"按钮，在弹出的下拉列表中选择"标题和内容"选项，如图 5-8 所示，插入一张新的"标题和内容"幻灯片。

步骤 2：在标题占位符中输入文字"个人简历"，并将字体设置为华文行楷、48 磅、加粗、红色，居中。

步骤 3：在文本占位符中输入文字"基本资料、学习经历、外语和计算机水平、自我评价"并分为 4 行，每行为 1 段，将字体设置为楷体、32 磅、加粗，深蓝色，行距为"1.5 倍行距"，然后添加如图 5-9 所示的项目符号。

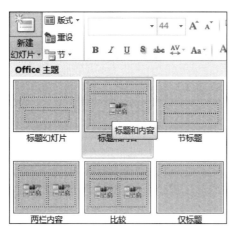
图 5-8　插入"标题和内容"幻灯片

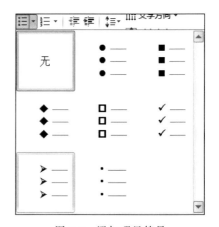
图 5-9　添加项目符号

步骤 4：适当调整文本占位符的大小和位置,然后在右侧插入一个剪贴画。

(4) 按设计样例制作第 3 张幻灯片。

【分析】　第 3 张幻灯片包含标题和表格,所以仍需插入"标题和内容"版式的幻灯片。

步骤 1：插入"标题和内容"版式的幻灯片。

步骤 2：在标题占位符中输入文字"基本资料"并将其设置为华文行楷、48 磅、加粗、红色,并设置其居中显示。

步骤 3：在文本占位符中单击"插入表格"按钮,如图 5-10 所示,弹出"插入表格"对话框,将"列数"调整为 5,"行数"调整为 7,如图 5-11 所示,单击"确定"按钮,则插入 5 列 7 行的表格。

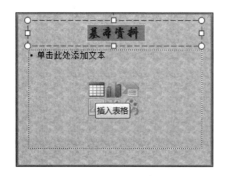
图 5-10　单击"插入表格"按钮

图 5-11　设置 5 列 7 行的表格

步骤 4：选中表格,在"表格工具-设计"选项卡的"表格样式"组中单击"其他"按钮,在弹出的下拉列表中选择"无样式 网格型"选项,如图 5-12 所示。

步骤 5：选中 E1：E3 单元格区域,在"表格工具-布局"选项卡的"合并"组中,单击"合并单元格"按钮,如图 5-13 所示。然后在合并后的单元格中插入设计样例所示的剪贴画,再分别合并 D4：E4、B5：E5、B6：E6、B7：E7 单元格区域为一个单元格,按设计样例在表格的各单元格中输入相应文字并设置字体、字号、颜色。

图 5-12 设置表格样式

图 5-13 "合并"组

（5）按设计样例制作第 4 张幻灯片。

【分析】 第 4 张幻灯片包含标题、竖排文本和剪贴画,故需要插入"标题和竖排文字"版式的幻灯片。

步骤 1：插入"标题和竖排文字"版式的幻灯片。

步骤 2：在标题占位符中输入文字"学习经历"并设置其为华文行楷、48 磅、加粗、红色;在文本占位符中按设计样例复制相应的文字,并将字体设置为楷体、28 磅、深蓝色。

步骤 3：选中文本占位符,调整适当大小并将其放于幻灯片右边位置,然后在左边插入相应的剪贴画。

（6）按设计样例用前述方法分别制作第 5 张、第 6 张幻灯片。

（7）将文件以"张三的个人简历-静态演示文稿"为文件名保存到自己的文件夹中。

实验项目 5.1.2 设计制作"张三的个人简历-动态演示文稿"

任务描述

进入自己的文件夹找到并打开"张三的个人简历-静态演示文稿"文件,按以下要求设置后将文件以"张三的个人简历-动态演示文稿"为文件名保存到自己的文件夹中。设计样例如图 5-14 所示,也可以打开"张三的个人简历-动态演示文稿(样张)"文档查看。

图 5-14 动态演示文稿设计样例

（1）给第 2 张幻灯片设置图片背景替换原来的填充背景,在第 3 张幻灯片的表格中插入头像替换原来的剪贴画。

以下设置均需放映幻灯片,观察效果。

(2) 全部幻灯片的切换效果设置为"覆盖"→"自底部",无声音、持续时间为 1 秒、单击鼠标时。

(3) 所有幻灯片中的对象均要设置动画,动画的类型、效果任选,对象出现的先后顺序按以下原则确定:若为标题幻灯片,则先标题后副标题;若为标题和内容幻灯片,则先标题后文本,然后是剪贴画,或者先标题后表格,然后是剪贴画。

(4) 设置超链接,达到的效果为单击第 2 张幻灯片中的相应"文本"跳至相应"标题"的幻灯片,单击该张幻灯片中的"返回"按钮又返回第 2 张幻灯片;单击第 2 张幻灯片的动作按钮可跳至末张幻灯片,单击该张幻灯片的动作按钮又返回第 2 张幻灯片。单击末张幻灯片中的文字"单击此处给我发邮件"可给张三发邮件。张三的邮箱地址是 zhangsan@163.com,发送邮件的主题是"通知"。

(5) 设置观众自行浏览、循环放映方式。

操作提示

(1) 设置图片背景、插入头像。

步骤 1:选中第 2 张幻灯片,切换至"设计"选项卡的"自定义"组中单击"设置背景格式"按钮。

步骤 2:在打开的"设置背景格式"选项框的"填充"栏中,单击"文件"按钮,如图 5-15 所示,打开"插入图片"对话框,找到并选中所需图片,单击"插入"按钮,最后单击"关闭"按钮关闭对话框,完成图片背景的设置。

图 5-15 设置图片背景

步骤 3:选中第 3 张幻灯片,删除表格中的剪贴画,并将光标定位于插入头像处。

步骤 4:切换至"插入"选项卡的"图像"组中,单击"图片"按钮,打开"插入图片"对话框,找到并选中所需图片,再单击"插入"按钮,如图 5-16 所示,图片插入后会自动关闭对话框,然后将图片拖至相应位置按比例调整其大小。

(2) 设置幻灯片切换效果。

步骤 1:选中文档中任意一张幻灯片。

步骤 2:在"切换"选项卡的"切换到此幻灯片"组中选择"覆盖"选项,在"效果选项"下拉列表中选择"自底部",在"计时"组中选择默认选择,即无声音、持续时间为 1 秒、换片方式"单击鼠标时",如图 5-17 所示。

步骤 3:单击"全部应用"按钮。

(3) 设置动画。

步骤 1:选中第 1 张幻灯片中的标题文本,在"动画"选项卡的"动画"组中选择"飞入"选项,在"效果选项"下拉列表中选择"自左下部",其他为默认选择,如图 5-18 所示。

步骤 2:选中副标题文本,在"动画"选项卡的"动画"组中选择"缩放"选项,在"效果选项"下拉列表中选择"对象中心",其他为默认选择,如图 5-19 所示。

图 5-16　插入头像

图 5-17　设置"切换"效果

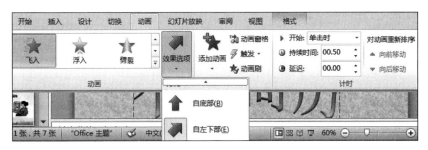

图 5-18　设置标题文本的动画效果

【分析】　从图 5-19 可知,副标题文本的动画类型为"缩放",效果选项为"对象中心",出现的先后顺序编号为"2",其他为默认选择,即开始为"单击时"、持续时间为 0.5 秒等。仿此方法设置其他各张幻灯片中各对象的动画,注意按要求设置各动画出现的顺序。图 5-20 所示为第 2 张幻灯片中各对象出现的编号顺序,若要改变编号顺序,可在"计时"组的"对动画

图 5-19 设置副标题文本的动画效果

图 5-20 各对象出现的顺序编号

重新排序"栏中选择"向前移动"或单击"向后移动",从而对选中对象出现的先后次序重新排序。

（4）设置超链接。

步骤 1：选中第 2 张幻灯片中的"基本资料"文字,在"插入"选项卡的"链接"组中单击"超链接"按钮,打开"插入超链接"对话框。

步骤 2：在左边的"链接到"选项组中选择"本文档中的位置"选项,在中间的"请选择文档中的位置"框中选择标题为"基本资料"的幻灯片,即编号为 3 的幻灯片,这时在右边的"幻灯片预览:"框中可以预览到要超链接到的幻灯片,如图 5-21 所示。

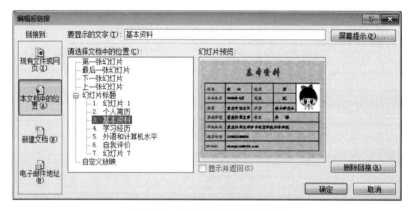

图 5-21 "插入超链接"对话框

步骤 3：单击"确定"按钮,此时"基本资料"文字变成带下画线的文本,放映幻灯片体验超链接效果。

步骤 4：在第 3 张幻灯片的右侧底部插入适当大小的"圆角矩形"形状,在其上添加"返回"文字。然后选中形状中的"返回"文字,在"插入"选项卡的"链接"组中单击"超链接"按钮,打开"插入超链接"对话框,在左边"链接到"选项组中选择"本文档中的位置",在中间的"请选择文档中的位置"框中选择编号为"2"的幻灯片,如图 5-22 所示,单击"确定"按钮,并放映幻灯片体验效果。

步骤 5：仿此方法为"学习经历""外语和计算机水平""自我评价"文字设置超链接跳至

图 5-22　返回编号为"2"的幻灯片

相应标题的幻灯片,并在相应幻灯片中复制"返回"按钮,单击此按钮可返回编号为"2"的幻灯片,然后放映幻灯片体验效果。

【说明】　经过复制的"返回"按钮不需要再做超链接就可以返回编号为"2"的幻灯片,即不仅复制了按钮本身,也复制了其功能。

步骤 6:选中第 2 张幻灯片,在"插入"选项卡的"插图"组中单击"形状"按钮,在弹出的下拉列表中选择"动作按钮"组的"前进或下一项"选项,如图 5-23 所示。此时鼠标指针变成一个"+"号,在幻灯片的右侧底部拖移鼠标画出适当大小的图形,同时弹出"动作设置"对话框,在"单击鼠标时的动作"选项组中选中"超链接到"单选按钮,在其下拉列表中选择"最后一张幻灯片"选项,如图 5-24 所示,然后单击"确定"按钮。

图 5-23　选择"动作按钮"

图 5-24　"动作设置"对话框

步骤 7:选择最后一张幻灯片,仿照步骤 6 的方法在右侧底部画一个适当大小的动作按钮,单击此按钮可返回第 2 张幻灯片。

步骤 8:选中最后一张幻灯片的"单击此处给我发邮件"文字,在"插入"选项卡的"链接"组中单击"超链接"按钮,打开"插入超链接"对话框。在左边的"连接到"选项组中选择"电子邮件地址"选项,在中间的"电子邮件地址"文本框中输入 zhangsan@163.com,在"主题"文本框中输入"通知",如图 5-25 所示,然后单击"确定"按钮,放映幻灯片体验效果。

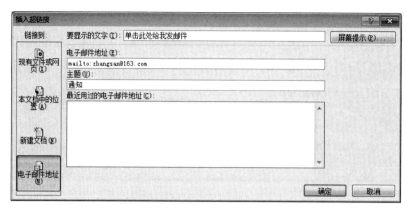

图 5-25 设置电子邮件地址

(5)设置观众自行浏览、循环放映方式。

步骤 1:选中演示文稿中的任意一张幻灯片,在"幻灯片放映"选项卡的"设置"组中单击"设置幻灯片放映"按钮。

步骤 2:在打开的"设置放映方式"对话框的"放映类型"选项组中选中"观众自行浏览(窗口)"单选按钮,在"放映选项"组中选中"循环放映,按 ESC 键终止"复选框,如图 5-26 所示,然后单击"确定"按钮。

(6)保存文档。

全部操作完成后,将文件以"张三的个人简历-动态演示文稿"为文件名保存到自己的文件夹中。

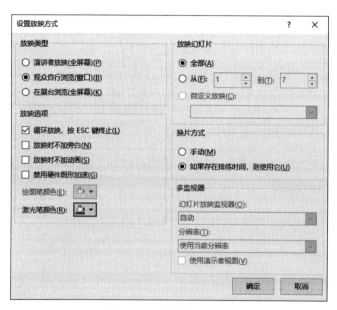

图 5-26 设置放映方式

实验 5.2　演示文稿的综合设计

【实验目的】

（1）能熟练地进行文本的输入与编辑，掌握幻灯片背景的设置方法。

（2）学会选择合适的幻灯片版式，学会应用主题和模板。

（3）掌握插入剪贴画、图片、自选图形、音乐等常见多媒体信息的方法。

（4）掌握设置幻灯片切换效果、自定义动画和应用超链接的方法。

（5）能结合实际设计制作各种专业性的演示文稿。

实验项目 5.2.1　设计制作"天河二号"演示文稿

任务描述

"天河二号超级计算机"是我国独立自主研制的超级计算机系统，2014 年 6 月再登"全球超算 500 强"榜首，为祖国再次争得荣誉。作为北京市第 xx 中学初二班级物理老师的李晓玲老师决定制作一个关于"天河二号"的演示幻灯片，用于学生课堂知识拓展。请根据"实验指导素材库\实验 5\实验 5.2"下"天河二号"文件夹中的素材"天河二号素材.docx"及相关图片文件，帮助李老师按以下具体要求完成设计制作任务，设计样例可进入"天河二号"文件夹打开"天河二号超级计算机（样张）.pptx"文档查看，最后将文件以"天河二号超级计算机.pptx"为文件名保存到自己的文件夹中。

（1）演示文稿共包含 10 张幻灯片，标题幻灯片一张，概况两张，特点、技术参数、自主创新和应用领域各一张，图片欣赏 3 张（其中一张为图片欣赏标题页）。幻灯片必须选择一种设计主题，要求字体和色彩合理、美观大方。所有幻灯片中除了标题和副标题以外，其他文字的字体均设置为"微软雅黑"。

（2）第 1 张幻灯片为标题幻灯片，标题为"天河二号超级计算机"，副标题为"---2014 年再登世界超算榜首"。

（3）第 2 张幻灯片采用"两栏内容"的版式，左边一栏为文字，右边一栏为图片，图片为"天河二号"文件夹下的 Image1.jpg。

（4）第 3～7 张幻灯片的版式均为"标题和内容"，素材中的黄底文字即为相应页幻灯片的标题文字。

（5）第 4 张幻灯片的标题为"二、特点"，将其中的内容设为"垂直块列表"SmartArt 对象，素材中的红色文字为一级内容，蓝色文字为二级内容，并为该 SmartArt 图形设置动画，要求组合图形"逐个"播放，并将动画的开始设置为"上一动画之后"。

（6）利用相册功能为"天河二号"文件夹下的 Image2.jpg～Image9.jpg 8 张图片"新建相册"，要求每页幻灯片为 4 张图片，相框的形状为"居中矩形阴影"；将标题"相册"更改为"六、图片欣赏"；将相册中的所有幻灯片复制到"天河二号超级计算机.pptx"中。

（7）将该演示文稿分为 4 节，第 1 节的节名为"标题"，包含一张标题幻灯片；第 2 节的节名为"概况"，包含两张幻灯片；第 3 节的节名为"特点、参数等"，包含 4 张幻灯片；第 4 节的节名为"图片欣赏"，包含 3 张幻灯片。每一节的幻灯片均为同一种切换方式，节与节的幻灯片切换方式不同。

PowerPoint 2016 演示文稿软件操作

（8）除标题幻灯片以外，其他幻灯片的页脚显示幻灯片编号。

（9）设置幻灯片为循环放映方式，如果不单击鼠标，幻灯片放映 10 秒后自动切换至下一张。

操作提示

（1）操作步骤如下。

步骤 1：启动 Microsoft PowerPoint 2016 软件，打开"天河二号"文件夹下的"天河二号素材.docx"文件。

步骤 2：选择第 1 张幻灯片，切换至"设计"选项卡的"主题"组中，应用"都市"主题，然后按 Ctrl＋M 组合键添加幻灯片，使幻灯片的片数为 10，并将演示文稿保存为"天河二号超级计算机.pptx"。

（2）操作步骤如下。

步骤 1：选择第 1 张幻灯片，切换至"开始"选项卡的"幻灯片"组中将"版式"设置为"标题幻灯片"。

步骤 2：将幻灯片标题设置为"天河二号超级计算机"，副标题设置为"－－－2014 年再登世界超算榜首"。

（3）操作步骤如下。

步骤 1：选择第 2 张幻灯片，切换至"开始"选项卡的"幻灯片"组中将"版式"设置为"两栏内容"。

步骤 2：复制"天河二号素材.docx"文件的内容到幻灯片中，左边一栏为文字，设置"字体"为"微软雅黑"、字号为"20"、"字体颜色"为"黑色"。

步骤 3：右边一栏为图片，在"插入"选项卡的"图像"组中单击"图片"按钮，在弹出的"插入图片"对话框中选择"天河二号"文件夹下的 Image1.jpg 素材图片。

（4）操作步骤如下。

步骤 1：切换至"开始"选项卡，将第 3～7 张幻灯片的版式均设置为"标题和内容"。

步骤 2：根据天河二号素材中的黄底文字，输入相应页幻灯片的标题文字和正文文字，并分别对第 3～7 张幻灯片添加的内容进行相应的格式设置，使其美观。

（5）操作步骤如下。

步骤 1：将光标置于第 4 张幻灯片的正文文本框中，切换至"插入"选项卡的"插图"组中单击 SmartArt 按钮，弹出"选择 SmartArt 图形"对话框，选择"列表"下的"垂直框列表"，如图 5-27 所示。

步骤 2：选择第 3 个文本框，在"SmartArt 工具-设计"选项卡的"创建图形"组中单击"添加形状"→"在后面添加形状"选项，在后面添加两个形状，并在相应的文本框中输入文字，设置相应的格式。

步骤 3：选择插入的 SmartArt 图形，切换到"动画"选项卡的"动画"组中，单击"飞入"选项，在"效果选项"→"序列"中选择"逐个"，在"计时"组中将"开始"设置为"上一动画之后"。

（6）操作步骤如下。

步骤 1：切换至"插入"选项卡的"图像"组中，单击"相册"下拉按钮，在其下拉列表中选择"新建相册"选项，弹出"相册"对话框，单击"文件/磁盘"按钮，选择 Image2.jpg～Image9.

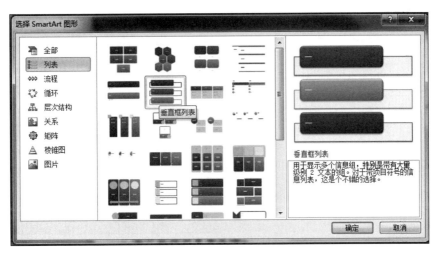

图 5-27　插入 SmartArt 图形

jpg 素材文件,单击"插入"按钮,返回"相册"对话框,将"图片版式"设为"4 张图片",将"相框形状"设为"居中矩形阴影",单击"创建"按钮,如图 5-28 所示。

图 5-28　"相册"对话框

步骤 2:将标题"相册"更改为"六、图片欣赏",将二级文本框删除,然后将相册中的所有幻灯片复制到"天河二号超级计算机.pptx"的第 8~10 张幻灯片中。

(7)操作步骤如下。

步骤 1:在幻灯片窗格中选择第 1 张幻灯片,然后右击,在弹出的快捷菜单中选择"新增节"命令;选择第 2、3 张幻灯片,然后右击,在弹出的快捷菜单中选择"新增节"命令;使用同样的方法将第 4~7 张幻灯片分为一节,将第 8~10 张幻灯片分为一节。

步骤 2:选择节名,然后右击,在弹出的快捷菜单中选择"重命名节"命令,弹出"重命名节"对话框,输入相应节名,单击"重命名"按钮,如图 5-29 所示。

步骤 3:为每一节的幻灯片设置同一种切换方式,节与节的幻灯片切换方式不同,可以适当进行设置。

PowerPoint 2016 演示文稿软件操作

（8）操作步骤如下。

步骤 1：切换到"插入"选项卡的"文本"组中单击"页眉和页脚"按钮，弹出"页眉和页脚"对话框。

步骤 2：将"页眉和页脚"对话框切换至"幻灯片"选项卡，选中"幻灯片编号"和"标题幻灯片中不显示"复选框，然后单击"全部应用"按钮，如图 5-30 所示。

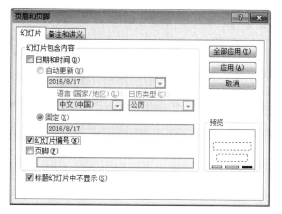

图 5-29 "重命名节"对话框

图 5-30 "页眉和页脚"对话框

（9）操作步骤如下。

步骤 1：在"切换"选项卡的"切换到此幻灯片"组中选中"标题"节，选择"推进"切换效果；选中"概况"节，选择"分割"切换效果；选中"特点、参数等"节，选择"百叶窗"切换效果；选中"图片欣赏"节，选择"形状"切换效果。

步骤 2：选中第 1～10 张幻灯片，切换至"切换"选项卡的"计时"组中，选中"设置自动换片时间"复选框，并将其持续时间设置为 10 秒，然后单击"全部应用"按钮，如图 5-31 所示。

步骤 3：在"幻灯片放映"选项卡的"设置"组中单击"设置幻灯片放映"按钮，打开"设置放映方式"对话框，在"放映选项"组中选中"循环放映，按 ESC 键终止"复选框，如图 5-32 所示，单击"确定"按钮。

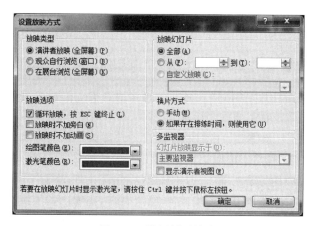

图 5-31 设置自动换片时间

图 5-32 设置循环放映

步骤 4：将演示文稿以"天河二号超级计算机.pptx"为文件名保存到自己的文件夹中。

实验项目 5.2.2　设计制作"创新产品展示"演示文稿

任务描述

公司计划于"创新产品展示及说明会"会议茶歇期间，在大屏幕投影仪上向来宾自动播放会议的日程和主题，因此需要市场部助理小王按以下要求完善"创新产品展示_素材.pptx"文件中的演示内容，最后以"创新产品展示.pptx"为文件名保存到自己的文件夹中。设计样例可以打开"创新产品展示（样张）.pptx"文档查看，素材和样张文档均存放在"实验指导素材库\实验 5\实验 5.2"下的"创新产品展示"文件夹中。

（1）由于文字内容较多，将第 7 张幻灯片中的内容区域文字自动拆分为两张幻灯片进行展示。

（2）为了布局美观，将第 6 张幻灯片中的内容区域文字转换为"水平项目符号列表"SmartArt 布局，并设置该 SmartArt 样式为"中等效果"。

（3）在第 5 张幻灯片中插入一个标准折线图，并按照以下数据信息调整 PowerPoint 中的图表内容。

	笔记本电脑	平板电脑	智能手机
2010 年	7.6	1.4	1.0
2011 年	6.1	1.7	2.2
2012 年	5.3	2.1	2.6
2013 年	4.5	2.5	3
2014 年	2.9	3.2	3.9

（4）为该折线图设置"擦除"进入动画效果，效果选项为"自左侧"；按照"系列"逐次单击显示"笔记本电脑""平板电脑"和"智能手机"的使用趋势，最终仅在该幻灯片中保留这 3 个系列的动画效果。

（5）为演示文档中的所有幻灯片设置不同的切换效果。

（6）为演示文档创建 3 个节，其中，"议程"节中包含第 1、2 张幻灯片，"结束"节中包含最后一张幻灯片，其余幻灯片包含在"内容"节中。

（7）为了使幻灯片可以自动放映，设置每张幻灯片的自动放映时间不少于 2 秒。

（8）删除演示文档中每张幻灯片的备注文字信息。

操作提示

（1）操作步骤如下。

步骤 1：打开"创新产品展示"文件夹下的"创新产品展示_素材.pptx"文档。

步骤 2：在幻灯片视图中选中编号为 7 的幻灯片，单击"大纲"按钮，切换至大纲视图中，如图 5-33 所示。

步骤 3：将光标定位在大纲视图中"—多角度、多维度分析业务发展趋势"文字的后面，按 Enter 键；切换至"开始"选项卡的"段落"组中，双击"降低列表级别"按钮，即可在大纲视图中出现新的幻灯片，如图 5-34 所示。

步骤 4：将第 7 张幻灯片中的标题复制到新拆分后的幻灯片的标题文本框中。

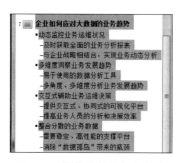

图 5-33　拆分前的大纲幻灯片

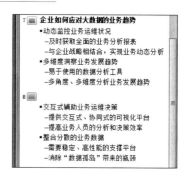

图 5-34　拆分后的大纲幻灯片

（2）操作步骤如下。

步骤 1：切换至幻灯片视图中，选中编号为 6 的幻灯片，并选中该幻灯片中正文的文本框，在"开始"选项卡的"段落"组中单击"转换为 SmartArt 图形"下拉按钮。

步骤 2：在弹出的下拉列表中选择"水平项目符号列表"，如图 5-35 所示，并在"SmartArt 样式"组中选择"中等效果"选项，如图 5-36 所示。

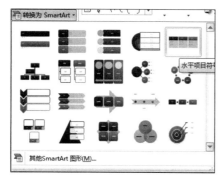

图 5-35　转换为 SmartArt 图形

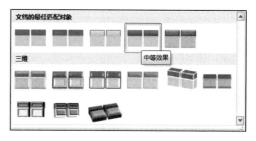

图 5-36　设置 SmartArt 样式为"中等效果"

（3）操作步骤如下。

步骤 1：在幻灯片视图中选中编号为 5 的幻灯片，在该幻灯片中单击文本框中的"插入图表"按钮，在打开的"插入图表"对话框中选择"折线图"图标，如图 5-37 所示。

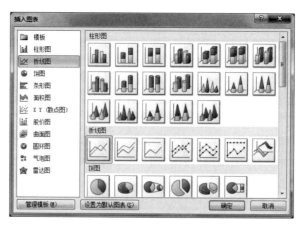

图 5-37　选择插入图表类型

步骤 2：单击"确定"按钮，将会在该幻灯片中插入一个折线图，并打开 Excel 应用程序，根据题目要求向表格中输入相应数据，如图 5-38 所示。然后关闭 Excel 应用程序。

（4）操作步骤如下。

步骤 1：选中折线图，在"动画"选项卡的"动画"组中单击"其他"下拉按钮，在下拉列表中选择"擦除"效果，如图 5-39 所示。

图 5-38　向 Excel 表中输入数据

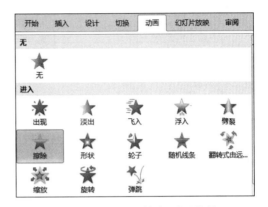

图 5-39　设置为"擦除"动画效果

步骤 2：在"动画"选项卡的"动画"组中单击"效果选项"下拉按钮，在弹出的下拉列表中，将"方向"设置为"自左侧"，如图 5-40 所示，将"序列"设置为"按系列"，如图 5-41 所示。

图 5-40　方向为"自左侧"

图 5-41　序列为"按系列"

（5）操作步骤如下。

步骤 1：根据题意要求，分别选中不同的幻灯片。

步骤 2：在"切换"选项卡的"切换到此幻灯片"组中设置不同的切换效果，第 1～9 张幻灯片的切换类型分别为"推进""形状""分割""百叶窗""蜂巢""时钟""涡流""碎片""飞过"。

（6）操作步骤如下。

步骤 1：在幻灯片视图中选中第 1、2 张幻灯片，在"开始"选项卡的"幻灯片"组中单击"节"下拉按钮，在弹出的下拉列表中选择"新增节"选项，如图 5-42 所示。然后再次单击

PowerPoint 2016 演示文稿软件操作

"节"下拉按钮,在弹出的下拉列表中选择"重命名节"选项,如图 5-43 所示,在打开的对话框中输入"节名称"为"议程",如图 5-44 所示,单击"重命名"按钮,关闭对话框。

图 5-42 选择"新增节"

图 5-43 选择"重命名节"

图 5-44 "重命名节"对话框

步骤 2:仿此方法将第 3～8 张幻灯片编为一节,"节名称"命名为"内容";第 9 张幻灯片单独构成一节,"节名称"命名为"结束"。

(7)操作步骤如下。

步骤 1:在幻灯片视图中选中全部幻灯片。

步骤 2:在"切换"选项卡的"计时"组中取消"单击鼠标时"复选框的勾选,选中"设置自动换片时间"复选框,并在文本框中输入"00:02.00",如图 5-45 所示,单击"全部应用"按钮。

图 5-45 设置全部幻灯片的自动换片时间为 2 秒

(8)操作步骤如下。

步骤 1:在"文件"选项卡下的"信息"组中单击"检查问题"下拉按钮,在弹出的下拉列表中选择"检查文档"选项,弹出"文档检查器"对话框,确认选中"演示文稿备注"复选框,单击"检查"按钮。

步骤 2:在"审阅检查结果"中单击"演示文稿备注"对应的"全部删除"按钮,删除全部备注文字信息。

步骤 3:选择"文件"→"另存为"命令,打开"另存为"对话框,将文件以"创新产品展示.pptx"为文件名保存到自己的文件夹中。

实验 6 Access 2016 数据库技术基础

实验 6.1 在 Access 中创建数据库和表

【实验目的】

(1) 熟悉 Access 2016 的启动、保存、打开和关闭。

(2) 掌握建立数据库及数据表的基本操作。

(3) 熟悉向表中录入数据。

实验项目 6.1.1 创建数据库

任务描述

在"实验指导素材库\实验 6"下的"实验 6.1"文件夹中建立文件名为"学生-课程"的数据库。

操作提示

步骤 1：单击"开始"按钮，选择 Access 2016 命令，启动 Access 2016 程序，打开如图 6-1 所示界面。

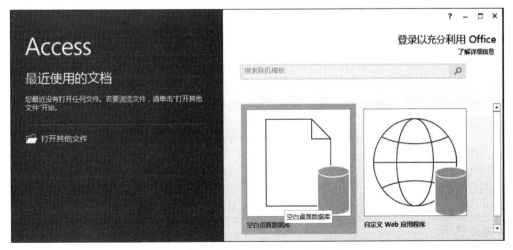

图 6-1　启动 Access 2016 的界面

步骤 2：单击"空白桌面数据库"图标，则打开"空白桌面数据库"对话框，在"文件名"文本框中输入数据库名"学生-课程"，然后单击"文件名"文本框后的"打开文件夹"按钮，对保存位置进行设置(在这里选择"实验指导素材库\实验6"下的"实验6.1"文件夹),如图6-2所示。

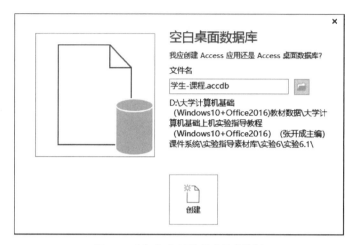

图6-2 "空白桌面数据库"对话框

步骤3:单击"创建"按钮,新建一个文件名为"学生-课程"的空数据库,如图6-3所示为"学生-课程"的数据库窗口。

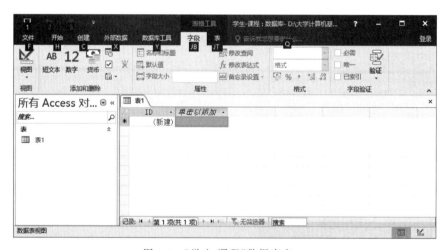

图6-3 "学生-课程"数据库窗口

实验项目6.1.2 创建数据表

任务描述

在"学生-课程"数据库中创建如图6-4所示的"学生"表。

操作提示

【分析】 在Access数据库中创建表一般有3种方法,即使用数据表视图创建表、使用设计视图创建表、从其他数据源(如Excel工作簿、Word文档等)导入或链接到表。在此使用常用的方法之一,即使用设计视图创建表。

步骤1:进入"实验指导素材库\实验6"下的"实验6.1"文件夹打开以"学生-课程"为文

图 6-4　"学生"表中的全部数据记录

件名的数据库。

步骤 2：在"创建"选项卡的"表格"组中单击"表设计"按钮，如图 6-5 所示。

步骤 3：在打开的表设计视图中按照表 6-1 的内容在"字段名称"列中输入字段名称，在"数据类型"列中选择相应的数据类型，在"常规"属性窗格中设置字段的大小，如图 6-6 所示。

图 6-5　"创建"选项卡的"表格"组

表 6-1　"学生"表的表结构

字段名称	数据类型	字段大小
学号	文本	11 个字符
姓名	文本	4 个字符
性别	文本	1 个字符
出生日期	日期/时间	系统固定
班级	文本	8 个字符

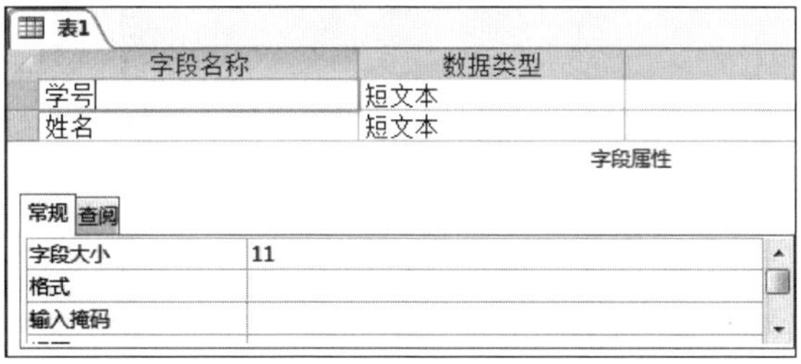

图 6-6　表的设计视图

步骤 4：选中"学号"行，然后右击，在弹出的快捷菜单中选择"主键"命令，或者在"表格工具－设计"选项卡的"工具"组中单击"主键"按钮，如图 6-7 所示。

图 6-7　设置学号为主键

步骤 5：全部字段设置完后，单击快速访问工具栏上的"保存"按钮，打开"另存为"对话框，在"表名称"框输入"学生"，如图 6-8 所示。单击"确定"按钮，"学生"表的设计视图如图 6-9 所示。

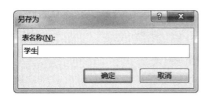

图 6-8 "另存为"对话框

图 6-9 "学生"表的设计视图

【注意】 在保存了数据表"学生"的表结构后，数据库窗口"所有 Access 对象"列表的"表"类别中增加了一个新图标，它就是新建数据表"学生"，如图 6-10 所示。不过这个数据表是一个空数据表，只有表结构，没有数据记录。

图 6-10 未录入数据的"学生"表

步骤 6：按照图 6-4 所示录入数据。

实验 6.2　在 Access 数据库中创建查询

【实验目的】
(1) 理解查询的基本概念。
(2) 掌握在 Access 数据库中创建查询的基本方法。

实验项目 6.2.1　创建查询

任务描述

在"学生-课程"数据库中创建名为"女生情况"的查询，结果要求显示学号、姓名和班级，查询结果如图 6-11 所示。

图 6-11 查询结果

操作提示

【分析】 创建选择查询,Access 提供了两种方法,即使用查询向导和在设计视图中创建查询,下面介绍在设计视图中创建查询。

步骤 1:进入"实验指导素材库\实验 6"下的"实验 6.1"文件夹,将已经建立"学生"表的"学生-课程"数据库复制到"实验 6.2"文件夹中,并打开"学生-课程"数据库。

步骤 2:在"创建"选项卡的"查询"组中单击"查询设计"按钮,如图 6-12 所示,打开"查询设计视图"窗口。

图 6-12 "创建"选项卡下的"查询"组

步骤 3:在弹出的"显示表"对话框的"表"选项卡中选择"学生"表作为新建查询的基本表,如图 6-13 所示,然后单击"添加"按钮,再单击"关闭"按钮,"学生"表被添加到查询窗口的对象窗格中,如图 6-14 所示。

步骤 4:由于该查询需要用到 4 个字段,所以依次将"学生"表中的"学号""姓名""性别"和"班级"字段选中并拖到设计网格中,或者在"学生"表中分别双击这 4 个字段,这些字段将自动添加到设计网格的"字段"行中,如图 6-15 所示。

步骤 5:由于该查询只需要显示"学号""姓名"和"班级"3 个字段,所以在"显示"行中取消对"性别"字段的选中。由于查询的是所有的女生,所以在"性别"字段的"条件"行中输入"女",如图 6-16 所示。

步骤 6:在"表格工具-设计"选项卡的"结果"组中单击"运行"按钮,查看查询结果。

步骤 7:单击快速访问工具栏中的"保存"按钮,打开"另存为"对话框,如图 6-17 所

图 6-13 "显示表"对话框

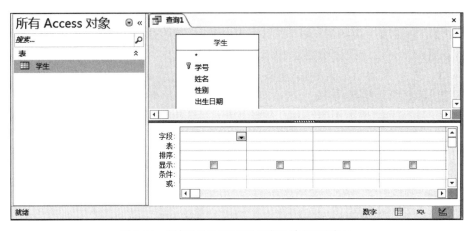

图 6-14 添加"学生"表的"查询设计视图"窗口

图 6-15 添加字段后的"查询设计视图"窗口

图 6-16 添加条件后的"查询设计视图"窗口

示。输入查询名称(默认名称为"查询 1",在这里取名为"女生情况"),然后单击"确定"按钮对创建的查询进行保存。

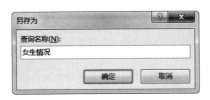

图 6-17 "另存为"对话框

【注意】 保存了"女生情况"查询后,在数据库窗口"所有 Access 对象"列表的"查询"类别中增加了一个新图标,它就是新建的"女生情况"查询,如图 6-18 所示。

图 6-18 新建立的"女生情况"查询

实验项目 6.2.2 创建查询结果的排序

任务描述

在"女生情况"查询的基础上将查询结果按学号降序排序,并将修改后的查询以名称"排好序的女生情况"进行保存。

操作步骤如下:

步骤 1:进入"实验 6.2"文件夹,打开"学生-课程"数据库(在库中已生成女生情况查询)。

步骤 2:在数据库窗口"所有 Access 对象"列表的"查询"类别中右击"女生情况"查询,在弹出的快捷菜单中选择"设计视图"命令,打开该查询的设计视图,如图 6-19 所示。

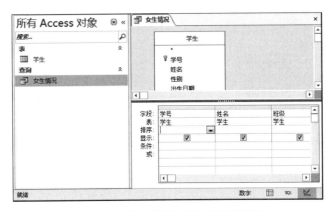

图 6-19 "女生情况"查询的设计视图

步骤 3:由于该查询按学号降序(从大到小)排序,所以在"学号"字段的"排序"行中选择"降序"选项,如图 6-20 所示。

步骤 4:在"查询工具-设计"选项卡的"结果"组中单击"运行"按钮,如图 6-21 所示,查看查询结果。

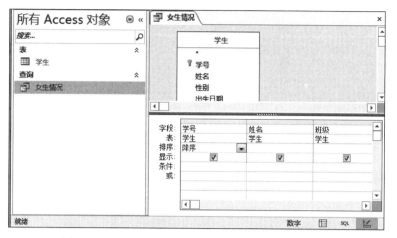

图 6-20　选择学号字段按降序排序后的查询设计视图

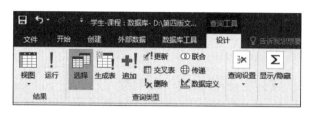

图 6-21　"查询工具-设计"选项卡中的"结果"组

步骤 5：单击"文件"选项卡,在打开的 Backstage 视图中,选择"另存为"→"对象另存为"选项,在打开的"保存当前数据库对象"栏中单击"另存为"按钮,如图 6-22 所示；然后在打开的"另存为"对话框中,在"将'女生情况'另存为"文本框中输入"排好序的女生情况",在"保存类型"下拉列表框中选择"查询"选项,如图 6-23 所示,最后单击"确定"按钮对修改的查询进行保存。

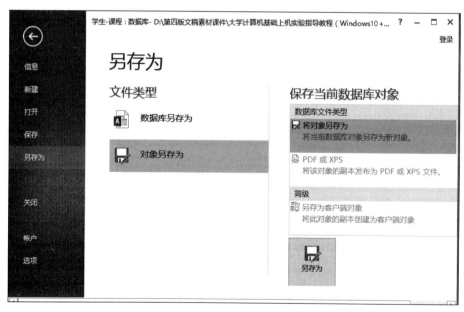

图 6-22　"保存当前数据库对象"栏

图 6-23 对象"另存为"对话框

【注意】 在保存了"排好序的女生情况"查询后,数据库窗口"所有 Access 对象"列表的"查询"类别中又增加了一个新图标,它就是新建的"排好序的女生情况"查询,如图 6-24 所示。

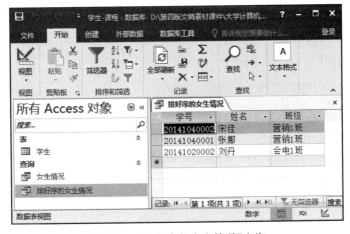

图 6-24 "排好序的女生情况"查询

实验 7 计算机网络基础及应用

实验 7.1 IE 浏览器的使用

【实验目的】

(1) 了解计算机网络的基本知识。

(2) 学会使用 IE 浏览器访问网站。

(3) 掌握 IE 浏览器常用命令的使用。

(4) 掌握网上查找信息、浏览信息的基本操作。

(5) 熟练掌握信息的下载和保存方法。

实验项目 7.1.1 使用 IE 浏览器访问"一带一路网"

任务描述

"一带一路"是当前国际范围内较为热议的话题,为了让同学们进一步对其了解,现做一个主题为"一带一路"的图文说明文档,请通过 IE 浏览器访问"一带一路网",并查找和浏览相关的信息。首先启用 IE 浏览器,在地址栏中输入常用的搜索引擎的网址;然后在搜索框中输入"一带一路网",单击进入该网站,并将其收藏到收藏夹中,以便下次直接访问;最后在该网站下载相关文字和图片,制作简单的图文说明文档,同时将该网站的首页保存为网页;并将图文说明的文档和已保存的网站首页一起保存到"实验指导素材库\实验 7"下的"实验 7.1"文件夹中,具体设计样例可以参看"实验 7.1"文件夹下的相应文件。

操作提示

(1) 启用 IE 浏览器,定位搜索引擎。

步骤 1:双击桌面上的 IE 浏览器快捷方式图标,启用 IE 浏览器。

步骤 2:在浏览器窗口的地址栏文本框中输入网址 www. baidu. com,单击"转到"按钮或按 Enter 键进入,如图 7-1 所示。

图 7-1 在地址栏中输入网址

(2) 搜索"一带一路网",并将其添加到收藏夹中。

步骤 1:在搜索框中输入"一带一路网",单击"搜索"按钮或按 Enter 键进入该网站。

步骤 2：打开网页后选择"收藏夹"→"添加到收藏夹"命令，在"名称"文本框中输入"中国一带一路网"，单击"添加"按钮，如图 7-2 所示。

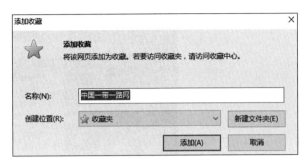

图 7-2　将"一带一路网"添加到收藏夹

步骤 3：网页被收藏后，选择"收藏夹"菜单项，可以查找到已经收藏的网站，如图 7-3 所示。

（3）访问"一带一路网"，搜索和下载图片，并保存网站首页。

步骤 1：打开网站首页，选择"文件"→"另存为"命令，在弹出的"保存网页"对话框中更改存储路径为"实验指导素材库\实验 7\实验 7.1"，生成"中国一带一路网.html"网页文件和"中国一带一路网_files"文件夹，如图 7-4 和图 7-5 所示。

步骤 2：在网页中选择一张喜欢的图片，右击，在弹出的快捷菜单中选择"图片另存为"命令，如图 7-6 所示。

图 7-3　查看已收藏网站

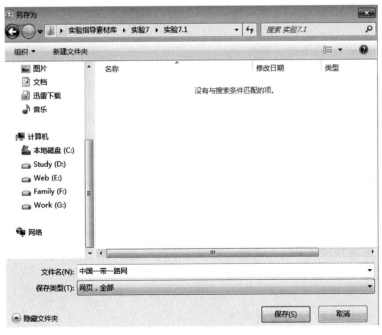

图 7-4　保存网页

图 7-5　生成文件　　　　　　　　　　　　图 7-6　保存网页中的图片

步骤 3：在弹出的"保存图片"对话框中选择图片的保存路径，填写图片的保存名称，如图 7-7 所示。

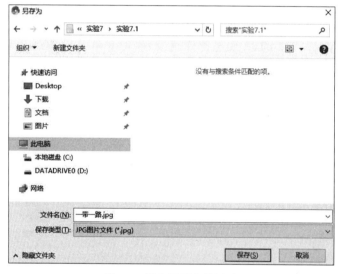

图 7-7　保存网页中的图片

实验项目 7.1.2　在浏览器上下载播放器

任务描述

在学习和生活中同学们经常会遇到这样的情况，一些视频、动画等资源需要下载到计算机上观看，所以这就要求我们在计算机上下载、安装播放器，才能观看，例如暴风影音。首先启用 IE 浏览器，在地址栏中输入常用的搜索引擎的网址；然后在搜索框中输入"暴风影音播放器"，单击进入搜索结果；最后进入下载界面开始下载。

操作提示

(1) 启用 IE 浏览器，定位搜索引擎。

步骤 1：双击桌面上的 IE 浏览器快捷方式图标，启用 IE 浏览器。

步骤 2：在浏览器窗口的地址栏文本框中输入网址 www.baidu.com，如图 7-8 所示。

图 7-8　在地址栏中输入网址

（2）在搜索框中输入"暴风影音播放器"，进入搜索结果列表。

在搜索框中输入"暴风影音播放器"，单击"百度一下"按钮，打开搜索结果列表，如图 7-9 所示。

图 7-9　输入搜索内容

（3）进入下载界面开始下载。

步骤 1：选择官网，单击进入下载界面，如图 7-10 所示。

图 7-10　下载界面

步骤 2：单击"普通下载"，在弹出的"新建下载任务"对话框中单击"浏览"按钮，选择将应用程序下载到"实验指导素材库\实验 7"下的"实验 7.1"文件夹中，如图 7-11 所示。然后

计算机网络基础及应用

单击"下载"按钮,系统开始下载。

图 7-11　"新建下载任务"对话框

实验项目 7.1.3　安装播放器

任务描述

将暴风影音播放器安装到自己计算机中指定的位置。

操作提示

(1) 打开文件夹,找到安装程序。

步骤 1:打开"实验指导素材库\实验 7"下的"实验 7.1"文件夹,找到应用程序文件。

步骤 2:双击应用程序弹出对话框,如图 7-12 所示。

图 7-12　安装提示对话框

(2) 选择安装路径。

单击"自定义选项",选择安装路径,可考虑选中或清除"影视库快捷方式"和"暴风简助手"复选框,如图 7-13 所示。

图 7-13　设置安装路径

（3）开始安装。

步骤 1：安装路径设置完成后单击"开始安装"按钮，软件开始安装。

步骤 2：安装完成后，系统会弹出对话框提示安装完毕，表示暴风影音播放器已经成功安装到自己的计算机上，如图 7-14 所示。

图 7-14　安装完毕

实验 7.2　电子邮件的收发与管理

【实验目的】

（1）了解免费电子邮箱的申请方法。

（2）掌握收发邮件的基本操作。

（3）掌握管理电子邮件的方法。

实验项目 7.2.1　创建 Outlook 2016 免费账号

任务描述

随着信息的数字化，电子邮件已走进人们的学习和生活，手写信几乎被完全取而代之，因此掌握在线申请电子邮箱的方法显得尤为重要。现在，免费邮箱的申请越来越简单，下面以网易 163 免费邮箱的申请为例来演示具体的申请流程和方法。

操作提示

（1）进入注册界面。

步骤 1：启用 IE 浏览器，在地址栏输入网址 https://outlook.live.com/owa/，搜索进入 Outlook 官网首页。

步骤 2：单击"创建免费账户"按钮，进入注册界面，如图 7-15 所示。

（2）信息填写。

步骤 1：用户根据要求填写"新建电子邮件"的名称，单击"下一步"按钮，进入设定密码

计算机网络基础及应用

界面,如图 7-16 所示,完成后继续单击"下一步"。

图 7-15 创建账户界面

图 7-16 网易免费邮箱注册界面

步骤 2:按要求填写注册信息。

(3)提交申请。

填写完整姓名、出生日期和验证码信息后继续单击"下一步"按钮。

(4)注册成功。

注册成功后,再次登录时,凭借邮箱地址和密码可登录个人邮箱,如图 7-17 所示。

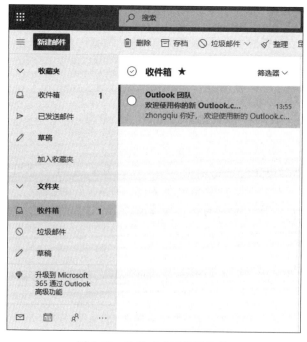

图 7-17 注册成功后登录邮箱

实验项目 7.2.2　通过 Outlook 2016 邮箱发送邮件

任务描述

为了帮助学生充分利用暑期时间,学校决定开设暑期会计课程,现需要将课程培训的安排以邮件的形式发送给报名参加课程培训的同学。

操作提示

(1) 登录邮箱。

步骤 1:启用 IE 浏览器,在地址栏输入网址 https://outlook.live.com/owa/,单击官网首页右上角的登录按钮,进入邮箱登录界面。

步骤 2:输入用户名和密码,单击"登录"按钮进入个人邮箱。

(2) 添加收件人和主题。

步骤 1:单击右侧下方的"人员"选项,如图 7-18 所示,可进入到联系人新建和管理窗口,在新建联系人的下拉菜单中选择"新建组",新建组名为"会计培训同学",如图 7-19 所示。

图 7-18　人员选项

图 7-19　新建组

步骤 2:右击"会计培训同学"组,在弹出快捷菜单中选择"添加成员",将参加暑假会计培训的同学的邮箱加入该组,如图 7-20 所示。

步骤 3:在左侧的菜单窗口中的组中,选择会计培训同学组,然后单击右侧的"发送电子邮件"选项,如图 7-21 所示。

图 7-20　添加成员

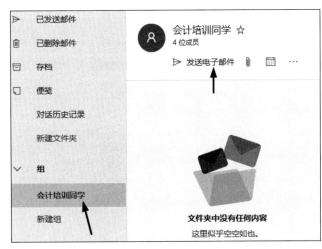

图 7-21　单击发送电子邮件

计算机网络基础及应用

步骤 4：在"主题"栏输入"暑期会计课程培训说明"。

（3）书写邮件内容。

步骤 1：单击"新建邮件"按钮，进入"写信"界面。

步骤 2：单击回环针图标的"添加"按钮，将"实验 7.2"文件夹中的"会计培训课程表"以附件的形式添加到邮件中，如图 7-22 所示，附件上传成功后如图 7-23 所示。

图 7-22　添加附件

图 7-23　完成附件的添加

步骤 3：继续填写邮件内容，将"实验 7.2"文件夹中的"邮件内容.doc"中的文字输入到邮件内容中，至此邮件内容添加完成。

（4）发送邮件。

检查信息内容、收件人等，在无误的情况下单击左下角或左上角的"发送"按钮发送邮件，如图 7-24 所示。

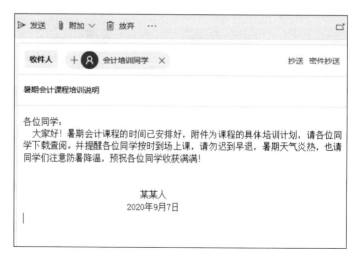

图 7-24　邮件编写完成

实验项目 7.2.3 通过 Outlook 邮箱接收和管理邮件

任务描述

前段时间，你参加了"新青年杂志"主办的以"互联网＋教育"为主题的征文活动，值得高兴的是，你的文章被录用了，你收到了该杂志社主编发来的修改文稿意见，你应如何查看并下载附件？要如何管理邮件？

操作提示

（1）登录邮箱。

步骤1：启用 IE 浏览器，在地址栏输入网址 https：//outlook. live. com/owa/，单击官网首页右上角的登录按钮，进入邮箱登录界面。

步骤2：输入用户名和密码，单击"登录"按钮进入自己的邮箱。

（2）查收邮件。

步骤1：在收件箱后面可以看到数字1，此标识提示存在一封未读邮件。打开"收件箱"，收到一封主题为"改稿意见"的邮件，同时在该项的后面可以看到曲别针形状的标识，提示有附件存在。

步骤2：打开邮件，查看并阅读邮件内容。

步骤3：单击"查看附件"或"下载附件"按钮查看或下载附件，如图 7-25 所示。

图 7-25 下载附件

（3）管理邮件。

收件箱里堆积了大量的邮件，不便于查看和查找，所以定期对邮件进行清理和分类管理是很有必要的。

步骤1：打开收件箱，选中无用的邮件，单击"删除"按钮将其删除，如图 7-26 所示。

步骤2：建立分类，方便管理。有些邮件可以通过添加"标记"的方式进行分类，提醒自己邮件的种类。选中邮件，添加标记，如图 7-27 所示。

图 7-26 删除无用邮件

图 7-27 邮件的分类管理

实验 7.3　本地站点和网页的创建与制作

【实验目的】

(1) 了解网页制作的基本流程。

(2) 熟练掌握 Dreamweaver CS6 创建站点、文件及文件夹的方法。

(3) 熟练掌握 Dreamweaver CS6 创建网页的方法。

(4) 熟练掌握 Dreamweaver CS6 编辑网页文本、图像的方法。

(5) 熟练掌握 Dreamweaver CS6 在网页中创建超链接的方法。

实验项目 7.3.1　设计制作合川钓鱼城宣传网站

任务描述

为了加大对合川钓鱼城的宣传力度,根据"实验项目 7.3.1"文件夹中的素材制作一个宣传网站。首先在 Dreamweaver CS6 的编辑器中创建本地站点;然后制作网站的首页,如图 7-28 样例所示,并将其保存为名为 index.html 的文件;接下来对应首页中的标题文字(即"景区介绍""主要景点展示"和"游览须知")制作 3 张网页,分别保存为 building.html、display.html 和 instruction.html 文件,并与首页中的标题文字建立链接关系;最终将制作完成的 4 张网页以及使用的图片素材均保存到"实验指导素材库\实验 7\实验 7.3"下的"实验项目 7.3.1"文件夹中,具体设计样例可以参看"实验项目 7.3.1"文件夹下相应的网页文件。

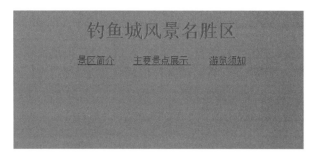

图 7-28　网站首页设计样例

操作提示

(1) 启用 Dreamweaver CS6 编辑器,创建本地站点以及首页标题。

步骤 1: 启用 Dreamweaver CS6 编辑器,选择"站点"→"新建站点"命令,在打开的"设置对象-未命名站点"对话框中输入站点名"钓鱼城—天神折鞭之地"并设置本地站点文件夹的存放位置,如图 7-29 所示。

步骤 2: 本地站点创建完成后,选中站点,右击,在弹出的快捷菜单中选择"新建网页"命令,并将该网页命名为 index,如图 7-30 所示。

步骤 3: 在网页中输入文字"钓鱼城风景名胜区",并在属性面板中将其格式设置为"标题 1",如图 7-31 所示;在属性面板中单击 CSS,然后单击"编辑规则"按钮,创建名为 h1 的 ID 标签,如图 7-32 所示。

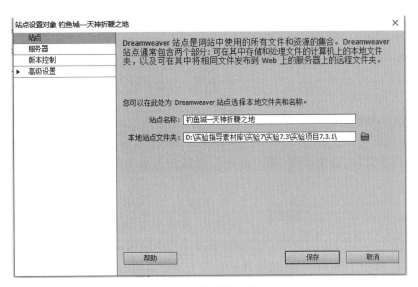

图 7-29　创建本地站点

图 7-30　站点创建完成　　图 7-31　修改格式属性　　图 7-32　修改选择器名称

步骤 4：在 CSS 属性面板中设置 h1 字体颜色为红色，样式加粗，对齐方式居中。

步骤 5：单击"页面属性"按钮，将网页背景颜色设置为绿色，如图 7-33 所示。

图 7-33　设置标题样式

步骤 6：在首页标题下面输入景区简介、主要景点展示、游览须知至此网站首页制作完成。

（2）创建第 2 张网页，介绍景区。

依照创建首页的方法新建第 2 张网页，输入网页标题"景区建设"，并将"实验项目 7.3.1"文件夹的"钓鱼城简介.doc"中的内容输入其中。

（3）创建第 3 张网页，展示主要景点。

步骤 1：依照以上方法新建第 3 张网页，输入网页标题"主要景点展示"，将素材中的图片加入到网页中。

步骤2：依次选择图片，将图片的宽度和高度设置为统一的数值，分别为宽690像素、高455像素。

（4）创建第4张网页，说明游览须知。

依照以上方法新建第4张网页，将"实验项目7.3.1"文件夹中给定的素材"游览须知.dox"中的内容输入到该网页中。

（5）为网页与首页中的文字建立链接关系。

步骤1：现在网站首页与3张子网页都已经创建完毕，接下来的操作是回到首页完成超链接设置。打开首页，选中文字"景点介绍"，在属性面板中找到"链接"文本框，如图7-34所示。

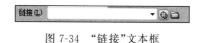

图7-34 "链接"文本框

步骤2：在"链接"文本框中输入链接的路径和文件名，或者单击"链接"文本框后的 或 按钮（两个按钮的作用相同，皆为选择需要链接的文件，分别如图7-35和图7-36所示）。此步骤的操作方法并不唯一，但目的和效果是一样的。

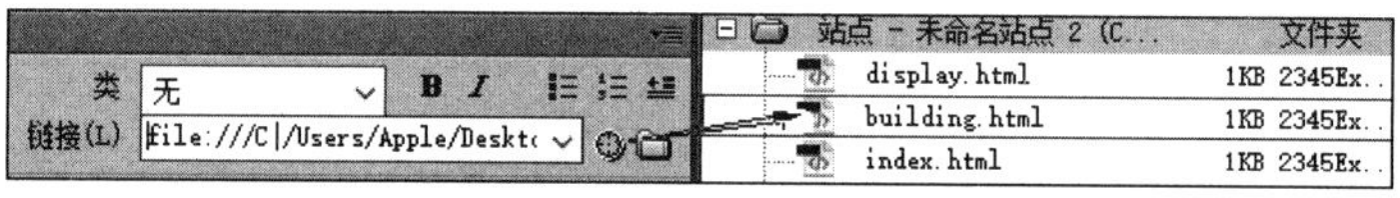

图7-35 单击 按钮拖动选择文件

图7-36 单击 按钮选择文件

重复以上步骤，为其他两组文字与网页创建链接，即"主要景点展示"对应display.html文件，"游览须知"对应instruction.html文件。最终效果可以参看"实验项目7.3.1"文件夹中的相应网页。

实验项目 7.3.2 设计制作我的个人网页名片

任务描述

根据"实验项目 7.3.2"文件夹中的素材制作个人网页。首先启用 Dreamweaver CS6，创建本地站点；然后创建第 1 张网页，输入标题，创建表格，并为网页设置背景和背景音乐等；随后创建第 2 张网页，依次插入图片素材，以展示校园风光，创建完成后将该张网页与第 1 张网页中的"校园风光"一词建立连接。最终将制作完成的两张网页以及使用的图片、音频等素材均保存在"实验指导素材库\实验7\实验7.3"下的"实验项目 7.3.2"文件夹中。具体设计样例如图 7-37 所示，也可以参看"实验项目 7.3.2"文件夹下相应的网页文件。

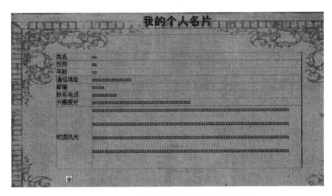

图 7-37 个人网页名片设计样例

操作提示

（1）启用 Dreamweaver CS6 编辑器，创建本地站点。

步骤 1：启用 Dreamweaver CS6 编辑器，选择"站点"→"新建站点"命令，在打开的对话框中输入站点名"我的个人名片"，并设置站点文件夹存放位置。

步骤 2：在本地站点创建完成后，选中站点右击，在弹出的快捷菜单中选择"新建网页"命令。

（2）创建第 1 张网页，设置标题和下画线。

步骤 1：输入文字"我的个人名片"，并通过属性面板中的格式属性将其设置为"标题 1"。

步骤 2：切换至 CSS 属性面板，新建 CSS 规则，将选择器名称设置为 h1。

步骤 3：对文字进行设置，即颜色为蓝色（color 属性）、样式为加粗（font-weight 属性）、对齐方式为居中对齐（text-align 属性）。

步骤 4：为标题添加下画线。选择"插入"→HTML→"下画线"命令添加下画线，然后选中下画线，在属性面板中设置其高为 2 像素，如图 7-38 和图 7-39 所示。

图 7-38 插入水平线

（3）继续对第 1 张网页进行编辑，为其设置背景图片、背景音乐并插入表格。

步骤 1：在站点文件夹下新建一个存储图片的文件夹 image，将所用图片素材添加到该文件夹中，如图 7-40 所示。

图 7-39　设置水平线的高度

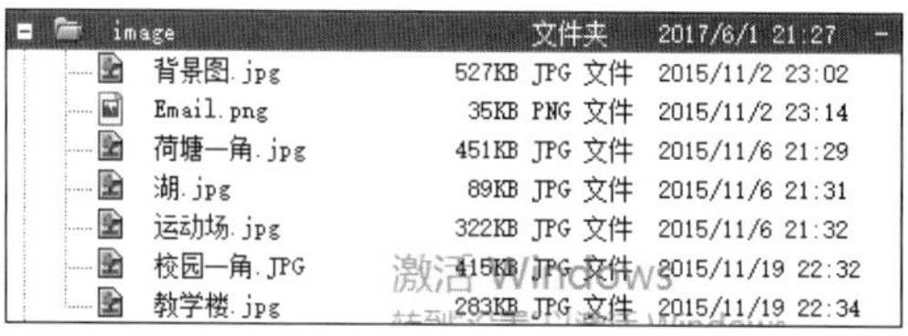

图 7-40　将图片素材添加到 image 文件夹中

步骤 2：在菜单栏中选择"站点"→"管理站点"命令，弹出"管理站点"对话框。选择"我的个人名片"双击，在弹出的"站点设置对象"对话框中选择"高级设置"→"本地信息"选项，然后单击"默认图像文件夹"文本框右侧的 📁 图标，选择 image 文件夹为默认图片文件夹，如图 7-41 所示。

步骤 3：创建新的 CSS 规则，选择器名称为 body，从 image 文件夹中选择一张图片设置为背景，其在 X 轴和 Y 轴上的位置分别设置为 center 和 top。

步骤 4：在站点文件夹下新建一个存储音乐的文件夹 media，并将素材中的音乐导入其中，如图 7-42 所示。将"背景音乐.mp3"文件设置为背景音乐，然后选中插件，将其宽和高均设置为 0。

步骤 5：选择"插入"→"表格"命令，如图 7-43 所示，插入一个 8 行 2 列的表格。然后对表格进行设置，宽度为 700 像素、边框粗细为 1 像素、单元格边距和间距均为 0、表格无标题，具体设置参数如图 7-44 所示。

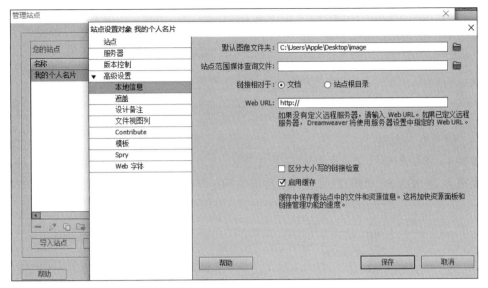

图 7-41　站点管理设置

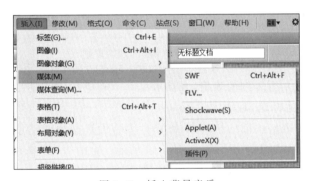

图 7-42　插入背景音乐

图 7-43　插入表格

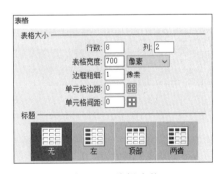

图 7-44　编辑表格

步骤 6：在表格编辑完成后，添加一个邮件的图标放于表格之后。在属性面板中将图标的宽和高分别设置为 20 像素和 50 像素，并为邮箱指定一个链接地址，如图 7-45 所示。

图 7-45　邮箱图标设置

（4）创建第 2 张网页。

步骤 1：参照创建第 1 张网页的方法创建第 2 张网页，并设置标题、背景和水平线。

步骤 2：新建 CSS 规则，将选择器名称设置为 photo，设置内容如图 7-46 所示。

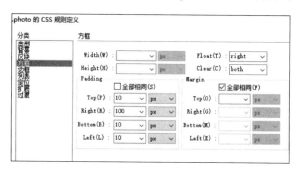

图 7-46　新建 photo CSS 规则

步骤 3：新建一个 1 行 1 列的表格，表格宽度为 700 像素，边框粗细为 1 像素，单元格边距和间距均为 0，表格无标题，且居中对齐。

步骤 4：在新建的表格中插入校园图片，图片大小设置为约束尺寸，图片宽 400 像素，再对图片应用上一步新建的 photo 样式，如图 7-47 所示。

（5）将首页中的"校园风光"一词与第 2 张网页建立链接。

步骤 1：选中需要创建链接的文字"校园风光"，对应找到属性面板中的"链接"文本框，如图 7-48 所示。

图 7-47　设置图片大小　　　　　　　　　　　图 7-48　"链接"文本框

步骤 2：单击"链接"文本框后的 ⊕ 按钮，选择需要链接的文件，如图 7-49 所示。

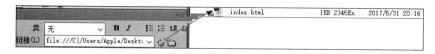

图 7-49　单击 ⊕ 按钮拖动选择文件

最终效果可以查看"实验项目 7.3.2"文件夹中的相应网页。

多媒体技术

实验 8.1　图像和动画的编辑与处理

【实验目的】

(1) 掌握图像的编辑与合成技术。

(2) 理解 Flash 动画制作的原理和过程。

(3) 掌握动画的制作方法。

实验项目 8.1.1　图像的编辑与合成

任务描述

2015 年 7 月 31 日晚,国际奥委会第 128 次全会在吉隆坡举行,投票选出 2022 年冬奥会举办城市,经过 85 位国际奥委会委员的投票,国际奥委会主席巴赫正式宣布北京张家口获得 2022 年冬奥会举办权。为了迎接 2022 年冬季奥运会的到来,请同学们以此为主题,并利用"实验项目 8.1.1"文件夹中的素材,制作一张明信片,送给我国即将参加冬奥会的中国运动健儿们。最终将"明信片.jpg"图片文件保存到"实验指导素材库\实验 8\实验 8.1"下的"实验项目 8.1.1"文件夹中,具体设计样例如图 8-1 所示,也可以打开"实验项目 8.1.1"文件夹下的"明信片.jpg"文件查看。

图 8-1　明信片效果图

【分析】　根据明信片的常规尺寸,新建一个尺寸为 148 毫米×100 毫米的图像文件,然后使用选区工具选择出素材图片,并调整素材图片的大小和边缘,再添加到明信片图像文件中。

操作提示

(1) 新建明信片图像文件。

步骤 1：选择"文件"→"新建"命令，弹出"新建"对话框。

步骤 2：按图 8-2 所示设置对话框中的属性值，设置名称为"明信片"；预设选择"自定"宽度为 148 毫米，高度为 100 毫米；分辨率为 72 像素/英寸；颜色模式为 RGB 颜色，8 位；背景内容为白色。然后单击"确定"按钮完成图像文件的新建，如图 8-3 所示。

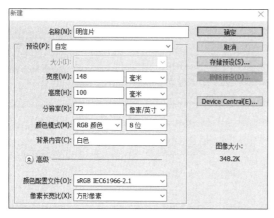

图 8-2 "新建"对话框

图 8-3 图像新建完成

(2) 提取并合成背景图像。

步骤 1：选择"文件"→"打开"命令，弹出"打开"对话框。在"查找范围"下拉列表框中单击选中"实验项目 8.1.1"文件夹，同时选中并打开"背景素材"图片文件，如图 8-4 所示。

图 8-4 打开素材文件

步骤 2：利用选区工具从该背景素材中提取所需图像。

由于此处的图像是不规则的，但前景色与背景色分明，因此在工具箱中选择魔棒工具、快速选择工具和多边形套索工具均可完成图像的提取。使用 3 种工具提取图像的效果完全一样,其方法大同小异,在此仅对利用魔棒工具提取图像的方法做简单介绍。

第一步:在工具箱中选择魔棒工具 ,并在上方的属性栏中调整魔棒工具的属性值,如图 8-5 所示。

图 8-5　魔棒工具对应的属性栏

其中,选区的选择方式设置为第 2 项,即"在已有的选区基础上,添加新的选区";"容差"是依据颜色的相似度产生选区范围,其值的范围为 0~255,值越大产生的选区越大,此处可以设置为 80;选中"消除锯齿"和"连续"两个复选框,以确保提取出的图像光滑、完整。

第二步:在选区创建完成后,为了使图像能够与另一图像更好地融合,在魔棒工具属性栏中单击"调整边缘"按钮,在打开的"调整边缘"对话框中对选区中图像的边缘进行平滑度和羽化的设置,如图 8-6 所示。

第三步:在选区上右击,在弹出的快捷菜单中选择"通过拷贝的图层"命令,将选区中的图像复制到新图层中,如图 8-7 所示。

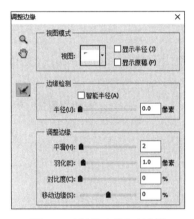

图 8-6　"调整边缘"对话框

图 8-7　将选区图像复制到新图层中

第四步:以同样的方法提取另一部分图像,如图 8-8 所示。

第五步:分别将两部分图像移动到"明信片"图像中,并参照样例完成图像的调整。合成明信片背景,如图 8-9 所示。

图 8-8　将另一部分图像提取到新图层中

图 8-9　合成明信片背景

180

（3）导入并调整邮票图片的大小。

步骤1：选择"文件"→"打开"命令，弹出"打开"对话框，找到"实验项目8.1.1"文件夹，从中选择名为"邮票"的图片文件并将其打开。

步骤2：由于邮票在整个明信片中所占的比例略小，因此需要调整"邮票"图片的大小。选择"图像"→"图像大小"命令，弹出"图像大小"对话框，如图8-10所示。

其中，"像素大小"是指区域按像素显示图像大小，"文档大小"是指区域以打印尺寸显示图像大小，两个区域是等效的，因此调整像素大小即可。为了较好地保留原图的比例应勾选"约束比例"复选框，调整宽度为70像素，高度会自动改变，在最下方的下拉列表中选择"两次立方较锐利（适用于缩小）"选项。

步骤3：将调整后的邮票图片移动到"明信片"图像文件中，如图8-11所示。

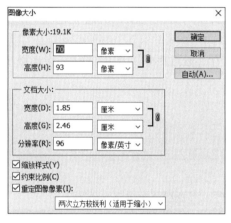

图8-10　"图像大小"对话框

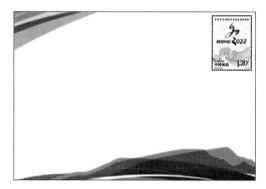

图8-11　邮票图片移到明信片中的效果

（4）置入"条形码""运动员"和"邮政编码"等图片素材。

步骤1：选择"文件"→"置入"命令，弹出相应对话框，从"实验项目8.1.1"文件夹中依次选择"运动员""条形码"和"邮政编码"3张图片置入"明信片"文件中。

步骤2：因为图像是置入到文件中的，所以可以直接对图片进行大小调整，同时按住Shift键可等比例调整图像。适当调整图层的顺序，图像合成效果如图8-12所示，图层显示效果如图8-13所示。

图8-12　图像合成效果图

图8-13　图层显示效果

（5）在空白处添加文字。

步骤1：在工具箱中单击文字工具 **T** 按钮，然后单击明信片空白处，输入文字"祝中国运动健儿：在 2022 年的冬季奥运会中取得优异成绩！"。

步骤2：选中该段文字，如图 8-14 所示，在上方的文字属性栏中对其属性进行设置，将字体大小设置为 14 点，如图 8-15 所示。

图 8-14　选中文字

图 8-15　文字属性栏

步骤3：为文字添加一些个性化的设置，在上方文字属性栏中单击文字变形 **工** 按钮，打开"变形文字"对话框，在"样式"下拉列表框中选择"增加"选项并选中"水平"单选按钮，将"弯曲"值设置为＋20％，"水平扭曲"值设置为－40％，如图 8-16 所示，单击"确定"按钮，设置后的效果如图 8-17 所示。

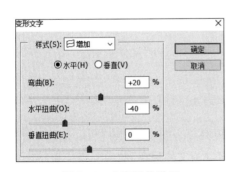

图 8-16　文字形状设置

图 8-17　最终效果图

（6）保存为图片。

步骤1：选择"文件"→"存储为"命令，弹出"存储为"对话框，保存位置选择"实验项目8.1.1"文件夹。文件名为"明信片"，如图 8-18 所示，并根据需要选择文件格式，常用的图片文件格式有 JPEG、GIF、PNG 等；如果想后续再进行修改，可将其保存为 PS 自带的 PSD 格式，此处存储为 JPEG 格式的图片。

步骤2：单击"保存"按钮，弹出"JPEG 选项"对话框，如图 8-19 所示，选择默认值后单击

多媒体技术

"确定"按钮,至此图片保存成功。

图 8-18　"存储为"对话框

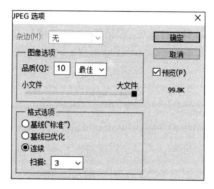

图 8-19　"JPEG 选项"对话框

最终效果可以打开"实验项目 8.1.1"文件夹中的"明信片.jpg"文件查看。

实验项目 8.1.2　二维动画的制作

任务描述

每年的八月一日是中国人民解放军建军纪念日,现以此为题材,利用 Flash 制作一个动态的宣传条幅。最终以"八一宣传条幅.swf"为文件名将动画文件保存到"实验指导素材库\实验 8\实验 8.1"下的"实验项目 8.1.2"文件夹中,具体设计样例可以打开"实验项目 8.1.2"文件夹中的相应文件查看。

操作提示

(1) 创建动画文件。

步骤 1：双击桌面上的 Flash CS5 快捷方式图标,打开 Flash CS5 窗口,选择"新建"下的 ActionScript 3.0 选项,如图 8-20 所示。

步骤 2：选择"文件"→"新建"命令,弹出"新建文档"对话框,设置宽为 876 像素、高为

360 像素,如图 8-21 所示,然后单击"确定"按钮。

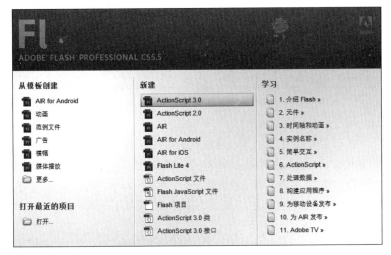

图 8-20　新建项目

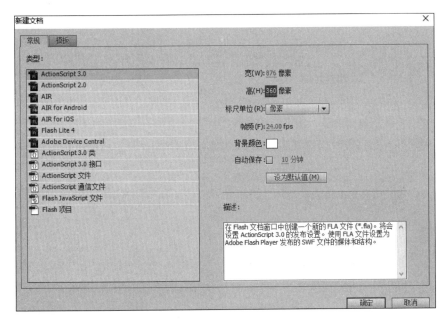

图 8-21　新建文档

(2) 导入素材到库。

步骤 1:选择"文件"→"导入"命令,在弹出的快捷菜单中选择需要的命令,如图 8-22 所示。其中,"导入到舞台"是指直接导入到场景中;"导入到库"是指将素材存放到库中,当需要时可以从库中调用。

步骤 2:如步骤 1,在此选择"导入到库"命令,将图片素材导入到库中待用,图 8-23 所示为导入图片素材到库中之后。

(3) 设置背景。

步骤 1:选中图层 1,然后双击图层名称"图层 1",将图层重命名为"背景"。

图 8-22　将素材导入到库　　　　　　　图 8-23　库面板中的素材

步骤 2：在背景图层中单击选中第 1 帧，然后在库中选择文件名为"背景素材.jpg"的图像，直接将其从库中拖至舞台，此时第 1 帧上的小黑圈由空心变为实心，如图 8-24 所示。

步骤 3：调整背景图片在舞台中的位置，单击右侧"对齐方式"的设置图标  弹出"对齐"面板，如图 8-25 所示；选中"与舞台对齐"复选框，让图片相对于舞台垂直和居中对齐，效果如图 8-26 所示。

图 8-24　在背景图层插入背景素材　　　　图 8-25　对齐方式的设置

图 8-26　背景图片相对舞台垂直居中对齐

步骤 4：为延续背景图像的存在，在背景图层的第 60 帧处右击，弹出快捷菜单，选择"插入帧"命令，则时间轴从第 1 帧到第 60 帧相应变为蓝色，如图 8-27 所示。

图 8-27　对背景图层的插入帧设置

（4）设置五角星下降至舞台中心。

步骤1：在图层面板的最下方单击"新建图层"按钮，新建图层，并将其重命名为"五角星"。

步骤2：从库中将"八一标志.png"图片拖到舞台，然后单击工具栏中的"任意变形工具"按钮，此时红五星四周被框选，单击选框的顶点可调整五角星的大小。

步骤3：调整帧对应的图片在舞台中的位置。在第1帧处设置五角星在舞台之外，通过对齐工具 ▤ 将红五星的对齐方式设置为垂直舞台居中对齐；在第30帧处右击，在弹出的快捷菜单中选择"插入关键帧"命令，并设置红五星相对舞台水平和垂直居中。

步骤4：在时间轴上从第1帧到第30帧的任意处右击，在弹出的快捷菜单中选择"创建传统补间"命令，如图8-28所示，该命令执行后的图层如图8-29所示。

图 8-28　创建传统补间

图 8-29　在第1帧到第30帧之间创建动画

（5）在原位置粘贴五角星。

步骤1：在图层面板中继续新建图层，操作同上，并将其命名为"文字"。

步骤2：在文字图层的第31帧处右击，在弹出的快捷菜单中选择"插入关键帧"命令，如图8-30所示。

步骤3：在文字图层中需要制作的动画效果为五角星变成文字。因为要与五角星图层的动画效果衔接，所以需要将五角星图层第30帧的内容原位置粘贴到文字图层的第31帧。在五角星图层中选中第30帧，按Ctrl+C组合键复制该帧的内容。

步骤4：再次切换到文字图层，选中第31帧，在菜单栏中选择"编辑"→"粘贴到当前位置"命令，如图8-31所示，将红五星粘贴到文字图层的第31帧处，此时五角星图层第30帧与文字图层第31帧的内容以及所处位置是一致的。

图 8-30　插入关键帧

图 8-31　粘贴到当前位置

（6）五角星元件到散件的转变。

步骤1：接下来制作由五角星变成文字的补间形状动画效果。首先将五角星由元件变成散件，在文字图层的第31帧处右击，在弹出的快捷菜单中选择"修改"→"分离"→"分离"命令，舞台中红五星的变化如图8-32～图8-34所示。

图 8-32　元件

图 8-33　分离第一次

图 8-34　散件

图 8-35　擦除后呈五星形状

步骤 2：利用工具箱中的"橡皮擦 <img> "工具将多余黑点擦除，只留下红五星形状，如图 8-35 所示。

（7）添加文字。

步骤 1：在文字图层的第 60 帧处右击，在弹出的快捷菜单中选择"插入空白关键帧"命令。

步骤 2：单击工具箱中的"文字工具 <img> "按钮，在舞台中的任意处单击，书写文字"爱我中华，扬我国威"。

步骤 3：选中文字，在属性面板中设置文字的字体为华文琥珀、大小为 60 点、颜色为黑色，如图 8-36 所示，效果如图 8-37 所示。

图 8-36　设置文字属性

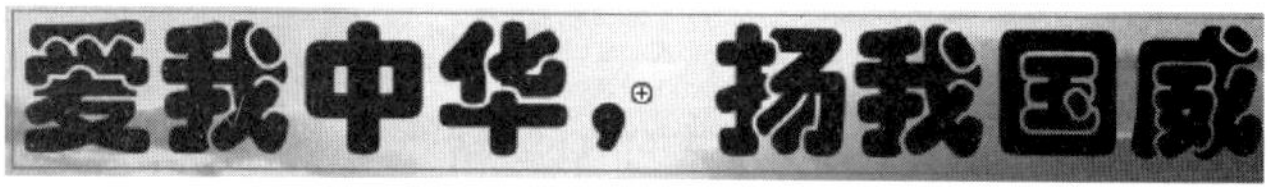

图 8-37　文字元件

步骤 4：选中文字并右击，在弹出的快捷菜单中选择"修改"→"分离"→"分离"→"分离"命令，将文字由元件转变为散件，打散后文字上填满黑点，如图 8-38 所示。

图 8-38　文字散件

图 8-39　创建补间形状

（8）形状补间动画的创建和导出。

步骤 1：在文字图层的第 31 帧到第 60 帧之间的任意处右击，在弹出的快捷菜单中选择"创建补间形状"命令，如图 8-39 所示，创建动画后时间轴的显示效果如图 8-40 所示。

步骤 2：选择"文件"→"导出"→"导出影片"命令，弹出"导出影片"对话框,如图 8-41 所示。按要求设置文件名称和格式,并设置保存位置为"实验指导素材库\实验 8\实验 8.1\实验项目 8.1.2",然后单击"保存"按钮,完成动画的导出。

图 8-40   创建动画后的文字图层

图 8-41   导出动画

最终效果可以打开"实验项目 8.1.2"文件夹中的"八一宣传条幅.swf"文件查看。

实验 8.2   音频和视频的编辑与合成

【实验目的】

(1) 掌握音频的编辑与合成技术。

(2) 掌握视频的剪切技术。

(3) 掌握视频文件的导出方法。

实验项目 8.2.1   音频的编辑与合成

任务描述

使用 Adobe Audition 软件从已有音频中截取一段,作为"作者简介.wav"音频文件的背景音乐,最终将背景音乐和语音混合输出为"配音作者简介.mp3",并保存到"实验指导素材库\实验8\实验8.2"下的"实验项目8.2.1"文件夹中,具体可以打开"配音作者简介.mp3"文件试听体验。

操作提示

(1) 打开音频文件。

步骤1:运行 Adobe Audition 软件,其默认处于波形编辑器状态  波形 。选择"文件"→"导入"→"文件"命令,在打开的窗口中选择名为"配音.wav"的音频文件,如图8-42所示。

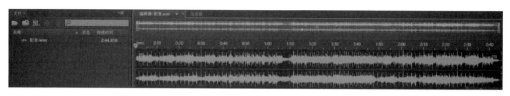

图8-42 导入名为"配音.wav"的音频文件

图8-43 设置音频的起始时间和结束时间

步骤2:在右下方的"选区/视图"窗口中设定音频的开始时间与结束时间,开始时间为0:00:000、结束时间为0:21:200,如图8-43所示。设定完成后单击"选区/视图"窗口中的空白处即可。

步骤3:在波形编辑器中确认该段音频处于被选中状态,然后在该段音频上右击,在弹出的快捷菜单中选择"复制为新文件"命令,则该段音频将以"未命名2"为文件名存放到左侧的面板中,如图8-44所示。

(2) 在多轨混音编辑器中合成两段音频。

步骤1:选择"文件"→"导入"→"文件"命令,在弹出的窗口中选择名为"作者简介.wav"的音频文件,如图8-45所示。

图8-44 将节选音频复制为新文件

图8-45 导入"作者简介.wav"音频文件

步骤2:单击 多轨混音 按钮切换至多轨编辑器,在弹出的"新建多轨混音"对话框中更改"混音项目名称"为"配音作者简介","文件夹位置"选择"实验指导素材库\实验8\实验8.2\

实验项目 8.2.1",其他值选择为默认值,如图 8-46 所示,然后单击"确定"按钮。

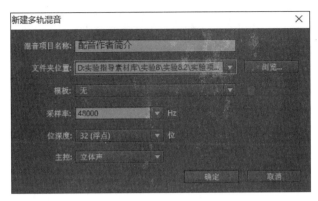

图 8-46 "新建多轨混音"对话框

步骤 3：分别将配音节选和作者简介两段音频拖至轨道 1 和轨道 2,如图 8-47 所示。

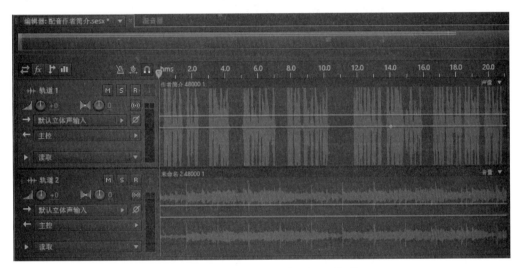

图 8-47 将两段音频拖至轨道 1 和轨道 2

步骤 4：在音频导入多轨道中之后,可以通过音量调节按钮 适当调节音频的音量大小。

（3）将合成音频存储为 MP3 格式文件输出。

步骤 1：选择"文件"→"导出"→"多轨缩混"→"完整混音"命令。

步骤 2：在弹出的"导出多轨缩混"对话框中将文件名更改为"配音作者简介",然后单击"浏览"按钮,设置文件保存位置为"实验指导素材库\实验 8\实验 8.1\实验项目 8.2.1",并将音频格式修改为 MP3 音频,具体设置如图 8-48 所示。

步骤 3：单击"确定"按钮,最终生成的"配音作者简介.mp3"音频文件,已存放到"实验项目 8.2.1"文件夹中。

最终效果可以打开"实验项目 8.2.1"文件夹中的音频文件"配音作者简介.mp3"进行试听体验。

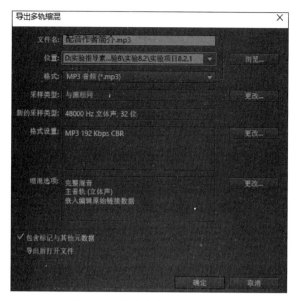

图 8-48 "导出多轨缩混"对话框

实验项目 8.2.2 Premiere 视频编辑

任务描述

使用 Premiere 软件将给定视频截取一段,并将其命名为"新截取视频",且存储为 AVI 格式输出,最终将视频文件"新截取视频.avi"保存到"实验指导素材库\实验 8\实验 8.2"下的"实验项目 8.2.2"文件夹中,具体设计样例可以打开"实验项目 8.2.2"文件夹下的相应文件查看。

操作提示

(1) 导入视频素材。

步骤 1:运行 Premiere Pro CS4 软件,单击"新建项目"按钮,弹出"新建项目"对话框,更改视频存储位置为"实验指导素材库\实验 8\实验 8.2\实验项目 8.2.2",将名称更改为"新截取视频",如图 8-49 所示。

步骤 2:单击"确定"按钮,弹出"新建序列"对话框,选择 DV-NTSC→"宽银屏 48kHz"选项,如图 8-50 所示,然后单击"确定"按钮进入工作界面。

步骤 3:选择"文件"→"导入"命令,在"实验项目 8.2.2"文件夹中找到名为 bridge.mp4 的视频文件,单击"确定"按钮,将视频导入到项目面板中,如图 8-51 所示。

(2) 将视频素材拖到时间轴上,截取视频。

步骤 1:将 bridge.mp4 视频素材直接拖到时间轴上,放置于视频 1 轨道,如图 8-52 所示。

步骤 2:在时间轴上设置视频的开始时间为 00:02:05:10,如图 8-53 所示,设置完毕后单击时间轴的任意处,时间帧将自动定位到该时间处。

步骤 3:在工具箱中找到剃刀工具,在 00:02:05:10 处单击,时间轴上的视频素材被分开两段,如图 8-54 所示。

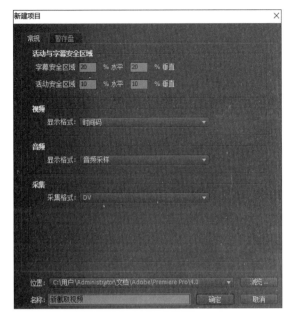

图 8-49　新建项目

图 8-50　"新建序列"对话框

图 8-51　导入素材

图 8-52　放置视频到轨道

多媒体技术

图 8-53　设置视频开始时间

图 8-54　剃刀工具

步骤 4：以同样的方法，在时间轴上输入结束时间为 00:02:21:10，然后选择剃刀工具在时间轴上单击，将视频截取为 3 段。

步骤 5：在工具箱中选择选择工具，在时间轴上分别单击多余的两段视频，按 Del 键将两段视频删除，则时间轴上留下 00:02:05:10 到 00:02:21:10 之间的视频。

（3）将视频导出为 AVI 格式。

步骤 1：选择"文件"→"导出"→"媒体"命令。

步骤 2：在弹出的"导出设置"对话框中设置各项参数，格式为 Microsoft AVI，其他设置为系统默认值，如图 8-55 所示，然后单击"确定"按钮导出视频。

图 8-55　导出视频

最终效果可以打开"实验项目 8.2.2"文件夹中的"新截取视频.avi"文件查看。